微信公众平台与小程序开发

从零搭建整套系统

张剑明 著

U0250948

人民邮电出版社

北 京

图书在版编目（ＣＩＰ）数据

微信公众平台与小程序开发：从零搭建整套系统 /
张剑明著. -- 北京：人民邮电出版社，2017.4（2018.10重印）
　　ISBN 978-7-115-45033-3

　　Ⅰ．①微… Ⅱ．①张… Ⅲ．①移动终端－应用程序－
程序设计 Ⅳ．①TN929.53

中国版本图书馆CIP数据核字(2017)第041282号

◆ 著　　　　张剑明
　责任编辑　赵　轩
　责任印制　焦志炜
◆ 人民邮电出版社出版发行　北京市丰台区成寿寺路 11 号
　邮编　100164　电子邮件　315@ptpress.com.cn
　网址　http://www.ptpress.com.cn
　北京九州迅驰传媒文化有限公司印刷
◆ 开本：720×960　1/16
　印张：12.75
　字数：231 千字　　　　　　　2017 年 4 月第 1 版
　印数：6 301 – 6 600 册　　　2018 年 10 月北京第 7 次印刷

定价：49.00 元
读者服务热线：(010)81055410　印装质量热线：(010)81055316
反盗版热线：(010)81055315
广告经营许可证：京东工商广登字 20170147 号

前 言
PREFACE

为什么要写这本书

"再小的个体，也有自己的品牌"是微信公众平台官方页面的一句宣传口号。微信团队从 2012 年推出公众平台到现在，其发展可以说超出了所有人的想象。许多初创型企业凭借早期运营的一个订阅号或者服务号，便能赢得投资人的青睐，即使其背后没有产品。2017 年 1 月，小程序正式发布，微信再次吸引了众人的关注。订阅号、服务号和小程序已经构成了一个较完善的微信生态体系。

微信公众平台对任何人来说，都是一个机会。和大家一样，我也是在微信公众平台刚推出不久就加入到了探索的行列。书中的内容，绝大部分是我在过去几年工作中的积累，并已经应用在实际的项目中，且得到了良好验证。也有一部分内容是我在工作之余的兴趣爱好创作，例如 HelloChats 公众号案例。书中的部分内容，不完全针对公众号的开发，例如第 4 章的"常用调试方法及工具"，它适合所有前端开发人员阅读和参考。

接下来，我会继续关注和探索与公众平台相关的动向和技术，希望能给大家带来更多干货，实实在在地帮助大家。

如何阅读这本书

本书从逻辑上可以分为三大部分：

第一部分为第 1～5 章，主要介绍微信公众平台开发相关的基础理论知识，包括开发环境和开发框架搭建，常用调试工具使用详解等。这几章可以帮助读者了解公众号开发的背景知识，为后续的章节阅读打下基础。如果读者对这部分内容已经较为熟练，可以选择性阅读。

第二部分为第 6～9 章，是本书的核心内容，主要提供微信公众平台开发过程中涉及的常见问题的解决方案，包括微信网页授权、微信支付、微信登录。这部分不仅讲解原理，还结合了实际代码，以便帮助读者掌握。另外，第 9 章的内容结合了时下火热的微信小程序开发，从理论到案例都有详尽的讲解。这部分内容的所有代码都可以在笔者的博客上下载，建议读者结合工作中的项目进行代码和方案的融合。

第三部分为第 10～12 章，主要是案例实践，讲解了如何接入公众号开发模式，并向读者展示了一个公众号（HelloChats）的开发过程，并在最后一章介绍了如何从零开始搭建站点，以及进行日常服务器运维。掌握了这部分内容之后，读者就可以独立完成一个有复杂逻辑的公众号开发了。

勘误和交流

由于作者水平有限，加上编写时间仓促，书中难免会有一些错误或者更新不及时的地方，特别是微信小程序部分，新技术变化较快，假如遇到和微信官方文档不一致的地方，请以官方文档为准。在此，作者恳请读者批评指正。作者专门建立了一个QQ群（141927779），读者可以加入该群和大家交流，也可以通过我的电子邮箱（hellocpp@foxmail.com）和微信号（hellojammy）与我取得联系。衷心希望作者的这本书能帮助到大家。

书中的所有源码都可以在作者的个人博客 http://www.hello1010.com/wechat-book 或异步社区中本书页面下载。

致谢

感谢微信团队的这个伟大创新，让我们的生活方法发生了改变。

感谢人民邮电出版社的赵轩，感谢你在我写作过程中给予的帮助和支持，感谢你的高效率工作，向你的专业度致敬。

感谢我的家人，特别是我的妻子，在该书写作过程中给予我的支持和鼓励！

目 录
CONTENTS

第01章

微信生态

1.1 微信：是一种生活方式

"你的一行代码能影响 8 亿网民，比奥巴马还多影响 5 亿人！"

这是腾讯 2015 年启动校园招聘时的口号。多么吸引人的一句话，足见腾讯的庞大用户群及其影响力。造就这群庞大用户群体的主要幕后功臣，就是腾讯 QQ。

截至 2016 年 11 月 16 日，未经审核的第三季度及中期业绩报告显示，腾讯 QQ 的月活跃账户数为 8.77 亿人次，智能终端月活跃账户数为 6.47 亿人次，最高同时在线账户数为 2.5 亿。想象一下，全球有 2.5 亿人在同时使用同一款软件，不得不说这是一个奇迹。

聊完了 QQ，我们接着来说说它的兄弟产品——微信。

早在 2010 年，腾讯广州研发中心产品团队便在张小龙的带领下，开始着手微信的研发。张小龙此前曾经开发过 Foxmail 和腾讯七星级产品 QQ 邮箱，这两款产品颇受业界好评。这一次，微信成为张小龙又一个得意的产品。

2011 年 1 月，微信发布，针对 iPhone 用户的 1.0 测试版本，并通过 QQ 账户体系来导入好友关系链，快速拥有了微信的第一批用户。

笔者认为，通过 QQ 来导入用户，是一个非常明智而且正确的选择，也是腾讯经营社交产品多年，厚积薄发的最好印证。这也是令其他互联网企业望尘莫及且不可多得的资源。

图1-1　微信1.0测试版截图（图片来自腾讯微信官网）

我们简单回顾一下微信的发展历史，如表 1-1 所示。

表 1-1　　　　　　　　微信 iPhone 版本更新大事件

时间点	版本	主要功能特性
2011 年 1 月	微信 1.0	即时通信；分享照片；更换头像等简单功能
2011 年 5 月	微信 2.0	语音对讲功能，该功能的发布使微信的用户有了显著增长
2011 年 8 月	微信 2.5	查看附近的人，再次引爆用户增长
2011 年 10 月	微信 3.5	极具创造性和趣味性的"摇一摇"，增加微信社交属性
2012 年 4 月	微信 4.0	新增相册功能，并可以把图片分享至朋友圈，使得用户粘度大大增加
2012 年 7 月	微信 4.2	视频聊天；网页版微信，开始开拓桌面市场，影响运营商业务
2013 年 2 月	微信 4.5	实时对讲，多人实时语音聊天；进一步丰富"摇一摇"及二维码功能
2013 年 8 月	微信 5.0	银行卡绑定，微信支付；表情商店

时间点	版本	主要功能特性
2014 年 1 月	微信 5.2	位置共享;"我的银行卡"中新增多项生活服务;聊天记录搜索;语音转文字
2014 年 8 月	微信 5.4	查看图片时,可以识别图中二维码
2014 年 9 月	微信 6.0	小视频;微信卡包
2015 年 5 月	微信 6.2	聊天记录迁移;朋友圈文字翻译
2016 年 12 月	微信 6.5	可以在朋友圈分享相册中的视频;选择照片时,可以进行简单的编辑

从微信的版本更新记录中我们可以看到,微信的每一次重大版本更新,都精准地把握住了用户的核心需求点。要做到这点,显然不可能只靠对产品的简单规划,更多的是需要对用户需求敏锐而又准确的把握和理解,甚至是对人性的把握。而这一切的主要缔造者就是张小龙。他崇尚技术,崇尚颠覆性思维,信奉简单就是美,天生的完美主义。产品不断更新迭代,让用户体验一次次接近极致。他把一款互联网产品打造得老少皆宜。

2012 年,张小龙提出一个新观点:微信是一个生活方式。下面我们来详细回顾微信的发展历史,看看它是如何成为我们的一个生活方式的。

2011 年 5 月,微信 2.0 语音版全新发布,让聊天不再是干巴巴的文字,我们可以像打电话一样和朋友们交流。多么伟大的创新!从此,人们无论是走在大街上、坐地铁,还是排队,都可以随时随地地拿起手机对讲。那标志性的"滴"的声音和按住对讲时屏幕上出现的对讲机图案,在现在看来都是那么的经典。

2011 年底春晚的"摇一摇",让这个功能走进了用户生活。如今,它已经成为微信拥抱 O2O 的主要互动方式:摇优惠、摇电视、摇周边。

2012 年初的相册,让我们拥有了一个简单整洁的朋友圈,我们再也不用在广告漫天飞的屏幕上浏览,净化了我们的眼睛,整个世界都清净了,虽然现在的朋友圈有广告,但是用户至少有一定的选择权,可以选择对某些广告"不感兴趣"。

2012 年 7 月,微信网页版(如图 1-2 所示)推出。微信从此进入了桌面时代。后来还有针对 Windows 版本(如图 1-3 所示)和 Mac 版本(如图 1-4 所示)的客户端微信。与手机端微信相比,它拥有除去朋友圈之外的绝大部分功能。这样,再也不用在上班时间盯着手机屏幕查阅微信消息了。

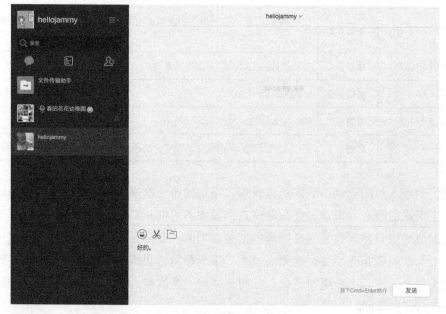

图1-2 微信网页版

图1-3 微信Windows版（微信2.2.0.46）

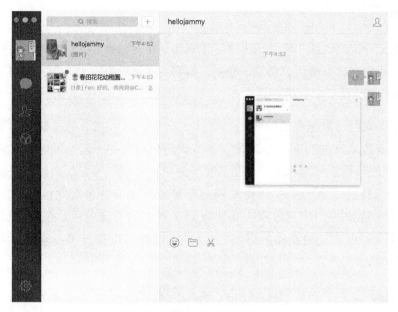

图1-4 微信Mac版（微信2.0.4）

2013年8月，微信支付推出。腾讯财付通一直都是支付宝的强劲对手，微信支付的推出，再次给支付市场带来了一场血雨腥风。从此，人们去小卖铺买东西结账时都会问一句：老板，可以微信支付吗？商户倘若不接入微信支付，似乎就无法做生意了。由此可见微信支付的深入人心。

2014年1月27日，微信红包席卷了整个春节，它打破了传统的过年红包的使用场景，人们足不出户便可以送祝福。更具趣味性的是"拼手气红包"，每个人抢到的红包金额是随机的，跟抢红包的时间先后无关，考验人品的时候到了。

2014年9月，朋友圈小视频的发布又是一次伟大的创举。它让朋友圈动起来。用户可以录制发送一段6秒的短视频，在朋友圈的朋友聊天中传播。小视频的编码是经过微信团队精心优化的，能最大限度地节省用户流量。

2016年1月底，临近春节，朋友圈突然被马赛克刷屏，这就是"红包照片"。用户点击发布朋友圈按钮，可以看见微信红包照片选项，发布成功之后，该照片将被模糊处理，还有如需评论或者看清照片，需要向好友发送红包，金额由微信随机决定。一时间，各种"我和我男朋友""小时候的萌照"等这类标题的内容席卷朋友圈，发完红包之后发现照片和描述并不相符。但此时你已经不会去计较这些了，红包照片带来的乐趣不言而喻。需要说明的是，红包照片只可在特定时间使用。

微信一次又一次的创新，给我们带来了惊喜和期待。如今，人们已经越来越离不开微信了，我们在这里聊天、阅读、社交、购物。微信已经深入人心，渗透了生活的每个角落。这正是一个生活方式。

手机占据了我们越来越多的时间，而我们每天只有 24 小时，除去睡觉和工作，陪伴家人和身边朋友的时间已经不多了。而我们在跟朋友一起吃饭时，在家人身边时，"低头族"们正沉醉在微信的世界里无法自拔。我们不敢想象没有了微信生活会变成什么样。笔者曾经关闭朋友圈两个星期，其实并没有之前想象的那么糟糕，我的生活依旧，让我跟家人和朋友有了更多的交流时间。假如一定要我说失去了什么，那就是朋友圈的那些"八卦"：谁去哪里旅行了，谁去了哪家餐馆吃饭，等等。

其实，微信只是一个生活工具，你用，或者不用，它都在那里。最关键的，是看你怎么用。

1.2　微信公众平台

2012 年 8 月 23 日，微信公众平台正式上线。微信不再只是一个聊天工具，它正在缔造一个生态系统。

1.2.1　公众平台简介

"再小的个体，也有自己的平台"。这是微信公众平台的标语。它让我们看到微信对后续更大的期望和可能。微信的亿级用户，具有极大的用户挖掘价值，也为这个新的平台增加更加优质的内容，创造更好的粘性，形成一个生态循环。

微信公众平台主要面向个体户、企业、政府、媒体、个人和组织。在这里可以通过渠道将自有品牌推广到线上平台。

公众平台账号分三类。

1. 服务号
给企业和组织提供更强大的业务服务与用户管理能力，帮助企业快速实现全新的公众号服务平台。

2. 订阅号

为媒体和个人提供一种新的信息传播方式，构建与读者之间更好的沟通与管理模式。

3. 企业号

为企业或组织提供移动应用入口，帮助企业建立与员工、上下游供应链及企业应用间的连接。

这些官方说明听起来有点复杂，其实理解它们三者之间的区别，便知何时、何条件应该使用哪种账号。

订阅号，偏向于为用户传达资讯（类似于报纸），每天只可群发一条消息，推送的消息会收起到"订阅号"的文件夹中，需要用户进入文件夹查找订阅号，入口较深。

服务号，偏向于提供服务及互动（如查询服务、商品售卖），每个月可群发4条消息，推送的消息会直接出现在用户的聊天列表中。

企业号，用于公司内部通信使用，需要验证用户是否为企业身份才可关注。

1.2.2 服务号和订阅号

由上述可知，服务号侧重于提供服务和互动，订阅号侧重于提供简单的资讯。简单的理解就是，服务号可以给用户提供更多、更丰富的内容和体验。当然，它们的申请门槛也不一样。

订阅号可通过微信认证资质，审核通过后有一次升级为服务号的机会，升级成功后类型不可变；服务号不可变更为订阅号。

另外，只有认证后的服务号才可申请微信支付。订阅号不可申请微信支付。

微信公众平台高级模式中有两种模式：编辑者模式和开发者模式。

1. 编辑模式

在此模式下，可以通过简单的界面逻辑，来设置自动回复，服务号还有公众号底部自定义菜单功能。

2. 开发模式

在此模式下，开发者可以通过公众平台提供的接口，实现自动回复、获取订阅者、自定义菜单等功能。

编辑模式上手容易，不要求懂编写代码，响应速度快，不依赖于第三方开发者服务器。但是它的缺点也比较明显，即它的扩展功能有限，不能调用公众平台提供的九大高级接口，无法实现大部分定制化功能。所以，有开发能力的个人或企业，建议使用服务号来承担公司的核心业务功能，同时使用订阅号辅助来做资讯推广等工作，最大限度地利用微信公众平台的服务号和订阅号各自优势发挥的作用，为企业发展提供有力保障。

1.3　企业号

2014 年 9 月 18 日，微信企业号正式公测。微信企业号是一个互联网化连接器，它可以帮助企业实现业务及管理互联网化。

企业号可以高效地帮助政府、企业及组织构建自己独有的生态系统，随时随地连接员工、上下游合作伙伴及内部系统和应用，实现业务及管理互联网化。具体体现在以下 4 个方面。

1．连接人与组织
通讯录可灵活地管理组织架构，连接员工和上下游；企业级的权限体系可支持层层授权的管理模式。

2．连接微信能力
帮助用户构建基于微信的线上业务，通过扫一扫、摇一摇、支付和卡券打通线上线下，实现新的融合场景。

3．连接内部系统
企业号可作为移动应用入口，通过统一的身份认证，方便地连接内部系统和应用，消除信息孤岛。

4．连接第三方应用
企业号的开放生态吸引了大量 SaaS 服务商和定制化服务商，用户可以方便地选择第三方应用和服务。

除此之外，企业号还提供可靠的安全保障，以及丰富的功能体验，如企业通讯录、权限分级、统一的会话入口、自由收发消息、保密消息、应用定制、微信原生功能和安全开放的接口等。

▶1.4 小程序

2016 年 1 月 9 日，是应用号（小程序）的启动日。经过一年的不断思考和碰撞，小程序慢慢地找到了自己的定位和形态。2016 年 11 月 3 日，小程序宣布开始公测。在 2016 年 12 月 28 日的微信公开课上，张小龙宣布了微信小程序的发布时间是 2017 年 1 月 9 日。小程序的存在，主要是为了解决高频使用场景下的用户体验问题，它不是以 HTML5 网页的形式存在，也不是 Hybird。简单的理解是，小程序是运行在微信这个应用之上的应用，它是订阅号和服务号的延展。有了它，可以使微信生态有更多的应用场景和服务入口，让我们拭目以待吧。

▶1.5 微信开放平台

微信推出公众平台之后，又推出了开放平台，为第三方应用程序提供接口，可以将第三方内容分享到朋友圈和聊天会话中，以便更大范围地传播信息，其最大的优势是可以开通支付功能。

微信开放平台，能应用在以下 4 类开发场景。

1. 移动应用开发

让移动应用支持微信分享、微信收藏和微信支付。使第三方应用和微信在一定程度上打通。

2. 网站应用开发

让网站支持使用微信账号登录。用户只需用微信"扫一扫"功能便可实现登录，还可以在网站自有账户体系和微信账户之间建立连接关系。

3. 公众账号开发

微信公众号开发，为亿万微信用户提供轻便的服务。

4. 公众号第三方平台开发

成为公众号第三方平台，为广大公众号提供运营服务和行业解决方案。零售行业的典型代表"有赞"、在线图文排版和"秀米"H5 场景制作等。

微信开放平台主要面向 App 开发者。通常是已经拥有了应用之后，通过开放平台将内容分享至朋友圈或发送给微信好友。例如 QQ 音乐 App 的分享，可以直接发送到朋友圈，如图 1-5 所示。或者是通过微信授权来登录 App，如图 1-6 所示。

图1-5　QQ音乐分享至朋友圈和微信好友

图1-6　QQ音乐可以使用微信账号登录

1.6　微信支付

微信支付改变了人们的支付体验，让支付变得如此轻松。微信支付是集成在微信客户端的支付功能，用户可以通过手机快速完成支付流程。微信支付以绑定银行卡的快捷支付为基础，向用户提供安全、快捷、高效的支付服务。

公众号要接入微信支付，必须是认证的服务号，并且开通微信支付认证。

微信支付的支付模式主要有五种：刷卡支付、扫码支付、公众号支付、H5 支付和 App 支付。

1. 刷卡支付

刷卡支付是用户展示微信钱包内的"付款"给商户系统扫描后直接完成支付，主要应用场景是面对面的线下收银，如图 1-7 所示。

图1-7　扫码支付路径：我-钱包-付款

2. 扫码支付

扫码支付是商户系统按照微信支付相关协议生成支付二维码，用户使用微信"扫一扫"完成支付的模式。该模式的主要应用场景有 PC 网站二维码支付、实体店单品或订单支付等。该模式又称为 Native 原生支付。

3. 公众号支付

公众号支付是用户在微信中打开商户的 H5 页面，商户在页面中通过调用微信支付提供的 JSAPI 接口拉起微信支付模块完成支付。主要应用场景有：用户在进入商家的微信公众号，打开某个商品页面完成支付；用户在好友分享的朋友圈、聊天窗口等入口进入商家购买链接，用户点击链接后打开页面完成支付；商户将商品页面转换成二维码，用户扫描二维码后在微信浏览器中打开页面后完成支付。

公众号支付，依赖于微信浏览器环境的 JSAPI 提供的桥接支付模块。

4. H5支付

H5 支付是指商户在微信客户端之外的移动端网页展示商品或服务，用户在上述页面确认使用微信支付时，商户发起本服务拉起微信客户端进行支付。

H5 支付主要用于触屏版的手机浏览器请求微信支付的场景。用户可以方便地从外部浏览器唤起微信支付。不过，此支付模式的申请门槛较高。

5. App支付

又称为移动端支付，是商户通过在移动端 App 中集成开放 SDK 拉起微信客户端的支付模块，用户完成支付。

微信支付的五大支付场景，几乎涵盖了用户日常生活的所有线上线下支付需求，为 O2O 行业的支付环节提供了有效的解决方案。

1.7　表情开放平台

微信表情，亿万人都在看的表情。

微信表情开放平台，对所有艺术家开放，只要你设计的表情能让大家在聊天时开怀大笑，就有机会登上微信客户端，获得亿万微信用户的关注。按照一定的制作规范，制作好表情提交审核，通过之后你制作的表情便可以供大家下载使用。用户下载时，假如觉得足够好玩，还可以使用微信支付"打赏"作者，让作者的付出得到回报。

1.8　微信广告

2015 年 1 月，朋友圈出现了第一批商业广告，如图 1-8 所示。微信试图重新定义社交广告，让广告成为生活的一部分。

微信广告目前有两种方式：朋友圈广告和公众号广告。

朋友圈广告基于微信公众号生态体系，以类似朋友原创内容形式进行展现，在基于微信用户画像进行精准定向的同时，通过实时社交混排算法，依托关系链进行互动传播。这是一种比较有趣的广告呈现方式，出现在朋友圈的广告，大家可以自由评论，这种新颖的呈现方式，让广告的内容成为一个大家热议的话题。再加上朋友圈广告的精准投放，让产品、内容、服务，这些身边的事物，恰好出现。

图1-8 朋友圈广告

除此之外，微信广告还会出现在公众号内，可以推广微信卡券、增加粉丝，等等。

▶1.9 小结

本章围绕微信生态展开讨论，介绍了微信生态的主要组成部分：公众平台（服务号、订阅号和小程序）、微信开放平台和微信支付等。微信已经不再是一个简单的手机应用，它正在改变着我们的生活方式。下章开始，我们将讲解微信公众号开发的相关技术内容。

第 02 章

开发环境及技术介绍

本章主要介绍微信公众平台开发环境的搭建，以及用到的主要开发技术。

开发环境的选择跟使用的后端开发语言有一定的关系。微信公众号的开发后端语言不限，只要能和微信服务器正常交互即可。常见的后端开发语言有 Java、PHP、C/C++、C#、Python、Node.js 和 Go 语言等。微信官方的 SDK 代码示例有 PHP、Java以及 Node.js 的版本。笔者选择的开发语言是 PHP，并使用集成软件开发包 XAMPP（Apache+ MySQL/MariaDB+PHP+Perl）。

▶ 2.1 集成软件包介绍

在本地开发时，需要在本地搭建一个能运行 Web 站点程序的环境。为了简化安装，我们可以选择集成软件包，这种环境集成了运行程序的基本环境，主要包括 HTTP服务器，数据库管理软件以及程序设计语言运行环境，如图 2-1 所示。

这类集成软件开发包主要有以下 4 个。

➤ WAMP（Apache+MySQL/MariaDB+PHP/Perl/Python）
只支持在Windows系统下安装使用，开源平台。

> LAMP（Linux+Apache+MySQL/MariaDB+PHP/Perl/Python）
> 只支持在Linux系统下使用，开源平台。

> MAMP/MAMP Pro（Mac+Apache+MySQL+PHP）
> 只支持在Mac系统下使用，开源平台，支持PHP多版本切换。

> XAMPP（Apache+ MySQL/MariaDB+PHP+Perl）
> 开头的X代表X-OS，代表可以在任何常见操作系统下使用，包括Windows、
> Mac、Linux，开源平台。

图2-1　集成开发环境架构

上述几个集成软件开发包，从跨平台、易用性、可扩展性和可配置性等方面综合对比，笔者选择的集成开发环境是 XAMPP。XAMPP 是 Apache（HTTP 服务器）、MySQL（数据库管理软件）、PHP（程序设计语言）和 Perl（脚本语言）的简称。新版本的 XAMPP 已支持 PHP7。

2.2　XAMPP的安装与配置

XAMPP 的下载地址是：https://www.apachefriends.org/zh_cn/index.html。读者可根据自己的操作系统选择合适的版本。XAMPP 属于 Apache 发行版，是 Apache Friends（一个推广 Apache 服务器的非盈利性项目）下面的产品，感兴趣的读者还可以加入社区，地址是：https://community.apachefriends.org/。

笔者下载的是 XAMPP for OS X 版本。安装过程简单，需要注意的是，在选择安装组件这一步，如图 2-2 所示，需要勾选 "XAMPP Core Files"，这样才能安装完整的集成软件开发包。XAMPP 的默认安装目录是 /Applications/XAMPP。

安装成功后，启动程序，然后选择 Manage Servers，选择 Apache Web Server 启动 Apache。启动成功后，绿色小灯会亮起，如图 2-3 所示。假如启动失败，可以切换到 Application log，查看原因，常见的原因是系统的 80 端口被占用。

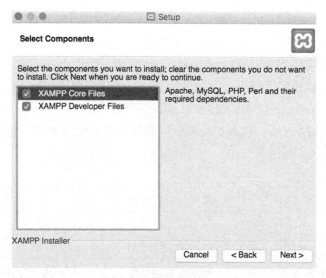

图2-2　选择安装组件

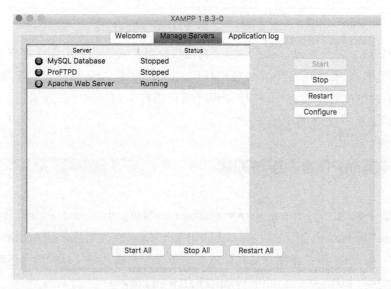

图2-3　启动XAMPP

选择"Configure"，出现一个简单的设置界面，如图 2-4 所示。这里可以设置 Http 以及 Https 的端口，默认是 80 和 443。在"Open Access Log"和"Open Error Log"中可以分别查看 Apache 的访问日志和错误日志。

笔者的本地开发环境，访问的 URL 地址是通过配置 Virtual hosts 来实现的，例如 dev.hello1010.com。这样做的好处是，在多人协作开发时，只要保证各开发者本地的 Virtual hosts 是一致的，大家的访问 URL 就是一样的，并且 URL 中不出现 localhost。需要通过以下 4 步来实现这一点。

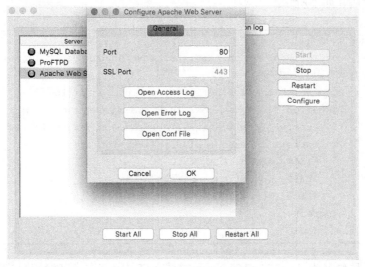

图2-4　XAMPP设置界面

① 修改 Apache 配置文件：在 XAMPP 的设置界面，如图 2-4 所示，点击 "Open Conf File" 打开 Apache 的配置文件。定位到靠近文件底部的位置或直接搜索 "Virtual hosts"，把下方被注释的 " Include etc/extra/httpd-vhosts.conf" 这句前面的 "#" 去掉，如图 2-5 所示，假如没有被注释则直接跳过这一步。

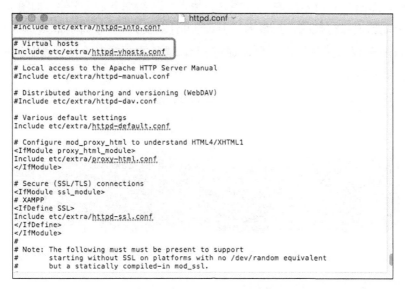

图2-5　打开Virtual hosts功能

② 修改 Apache 的 httpd-vhosts 文件：进入 Virtual hosts 的目录，在 Application/
XAMPP/xamppfiles/etc/extra 目录下，打开 httpd-vhosts.conf 文件，在文件末尾
新增配置代码，如下所示。

```
<VirtualHost *:80>
        DocumentRoot "/Applications/XAMPP/htdocs/dev.hello1010.com/"
ServerName dev.hello1010.com
        ErrorLog "logs/dev.hello1010.com.com-error_log"
        CustomLog "logs/dev.hello1010.com-access_log" common
        <Directory "/Applications/XAMPP/htdocs/dev.hello1010.com">
            Options Indexes FollowSymLinks Includes ExecCGI
            AllowOverride All
            Order deny,allow
            Allow from all
        </Directory>
</VirtualHoswt>
```

在这里，设置域名为 dev.hello1010.com。域名可以根据自身开发情况修改。错误日
志和访问日志均在 logs/ 下，并设置了站点根目录的目录为：

```
/Applications/XAMPP/htdocs/dev.hello1010.com
```

③ 配置本地 hosts 文件：打开电脑终端，输入命令"sudo vim /etc/hosts"，按提示
输入密码，如图 2-6 所示。进入 vi 模式，输入"i"编辑 hosts 文件，如图 2-7 所示。
在文件末端新增一行代码，把域名"dev.hello1010.com"映射到本地"127.0.0.1"。
编辑完成后保存文件并退出。可以通过 ping 域名的方式来验证是否配置成功，如
图 2-8，输入以下命令：

```
ping dev.hello1010.com
```

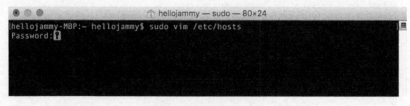

图2-6　打开hosts文件

假如返回类似如下则说明配置成功：

```
PING dev.hello1010.com (127.0.0.1): 56 data bytes
64 bytes from 127.0.0.1: icmp_seq=0 ttl=64 time=0.042 ms
64 bytes from 127.0.0.1: icmp_seq=0 ttl=64 time=0.052 ms
```

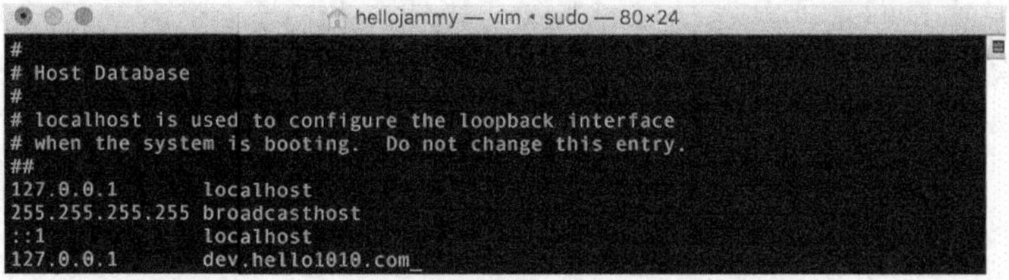

图2-7 编辑本地hosts文件

图2-8 ping域名，看是否设置成功

④ 重启 Apache：进入 Apache 的设置界面，在如图 2-3 所示的界面，点击 "Restart" 重启。

至此，Apache 的配置完成。打开浏览器，输入 dev.hello1010.com 即可访问。如图 2-9 所示的输出信息，是 CodeIgniter 开发框架的默认页面，关于该框架稍后会有详细介绍。

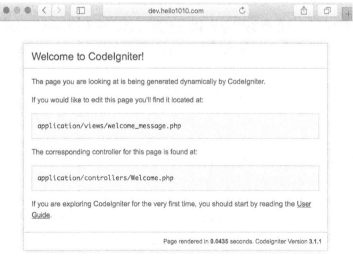

图2-9 在浏览器中访问

19

▶2.3　PhpStorm的安装及配置

选择一款好用并且自己心仪的 IDE（Integrated Development Environment）非常重要。能支持 PHP 语言的集成开发环境有很多，比如 Eclipse、NetBeans、Zend Studio、PhpStorm 等。选择自己习惯使用的开发环境即可，笔者选择的是 PhpStorm。

PhpStorm 是 JetBrains 公司开发的一款跨平台 PHP 集成开发环境，它是一款智能的 PHP 编辑器，并支持 JavaScript、HTML/CSS 的智能编写，支持 PHP 单元测试以及代码重构，如图 2-10 所示。

图2-10　PhpStorm 10的启动界面

JetBrains 是一家位于布拉格的软件开发公司，该公司最为人所熟知的产品是 Java 语言的 IDE——IntelliJ IDEA。该公司旗下的其他比较有名的编辑器主要有以下几款。

➢　IntelliJ IDEA：一套智能的Java语言开发工具，并支持Android开发。

➢　PhpStorm：跨平台PHP集成开发环境。

➢　PyCharm：Python集成开发环境。

➢　RubyMine：Ruby和Rails集成开发环境。

➢　WebStorm：智能的HTML/CSS/JS开发环境，Web前端开发人员的首选。

➢　AppCode：智能的iOS/OS X集成开发环境，与XCode类似。

➢　CLion：跨平台的C/C++集成开发环境。

➢　Rader：跨平台C#集成开发环境。

PhpStorm 的官方下载地址是 https://www.jetbrains.com/phpstorm/，下载安装后，会提示 30 天免费试用期，过了试用期需要购买才能继续使用。

安装完成之后，可以通过 Create New Project（创建新工程）、Open（打开目录）、Create New Project from Existing Files（以向导的方式打开现有工程），或者 Check out from Version Control（从源码版本管理器中 Check out 代码，如从 Subversion 或 Github 中下载代码）新建工程，如图 2-11 所示。

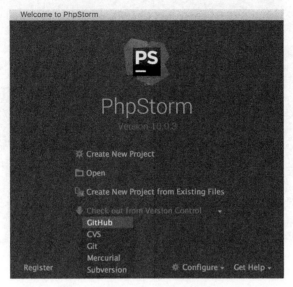

图2-11　PhpStorm打开工程的方法

笔者选择的是直接打开现有工程代码。为了更好地工作，笔者做了以下简单的设置。

① 设置主题：默认的主题是白色背景，不是很利于保护眼睛，可以设置为近黑色的背景，这样长期对着电脑屏幕眼睛不会那么累。在左上角找到 PhpStorm 菜单，依次打开 "Preferences → Appearance&Behavior → Appearance → UI Options"，选择 Darcula 主题，然后点击右下角的 Apply 应用该设置就可以看到效果了，如图 2-12 所示。

② 设置文件头的模板：在文件的头部，可以写上一些作者和代码版本的信息，这样就可以智能地生成文档了。可以对 PHP 文件和 JavaScript 文件单独设置，如图 2-13 所示。笔者设置的文件头部信息如下。

```
/**
 *
 * create at ${DATE}
 * @author hellojammy (http://hello1010.com/about)
 * @version 1.0
 *
 */
```

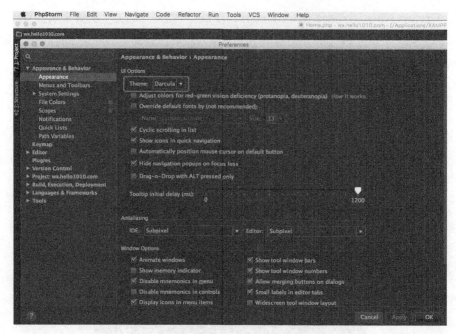

图2-12　设置PhpStorm的主题为Darcula

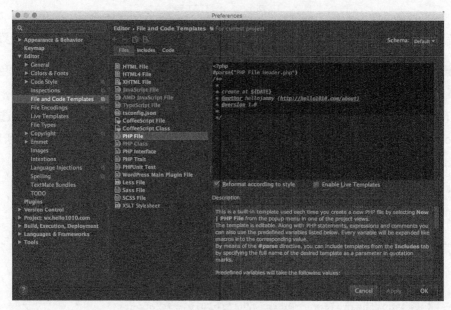

图2-13　设置文件的头部信息

这里用到了预定义变量，常用的有日期、时间和文件名等。在设置框的 Description 中有所有的预定义变量。这里使用了 Apache Velocity 模板引擎语言，感兴趣的读者可以在这里了解更多：http://velocity.apache.org/engine/devel/user-guide.html#Velocity_Template_Language_ VTL:_An_Introduction。

③ 设置常用快捷键：以笔者的经验来看，善用快捷键能从一定程度上提升工作效率。依次打开"Preferences→Keymap"，在 Keymaps 中选择一种你习惯的 IDE 快捷键，然后再根据自身的使用习惯做修改。笔者选择的是 IntelliJ IDEA Classic(OS X)，先复制一份，然后再修改快捷键，如图 2-14 所示。

图2-14　设置快捷键

2.4 相关技术介绍

本小节介绍微信公众平台开发中涉及的常见技术，如 HTTP 的基本概念、POST/GET 的基本区别、Redis 以及 HTML5 的相关知识。对以上知识熟悉的读者可以直接略过本小节。

2.4.1 HTTP

HTTP（HyperText Transport Protocol）超文本传输协议，是互联网上应用最为广

泛的一种网络协议。它的发展是万维网协会 W3C（World Wide Web Consortium）和 Internet 工作小组 IETF（Internet Engineering Task Force）合作的结果。最终发布了一系列的 RFC，RFC 1945 定义了 HTTP/1.0 版本。其中最著名的就是 RFC 2616。RFC 2616 定义了今天普遍使用的一个版本——HTTP 1.1。

HTTP 用于从服务器传输超文本到本地浏览器，它可以使网络传输减少，浏览器更加高效。它不仅保证计算机正确快速地传输超文本文档，还确定传输文档中的哪一部分，以及哪部分内容首先显示（如文本先于图形）等。

HTTP 的请求响应模型如图 2-15 所示。HTTP 协议是一个无状态协议，是客户端发起请求，服务器响应。

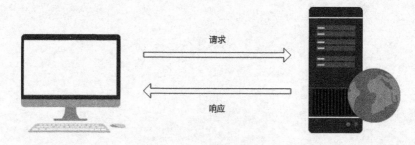

图2-15　HTTP的请求-响应模式

HTTP 的请求方法主要包括这几种：GET、POST、HEAD、PUT、DELETE、OPTIONS、TRACE、CONNECT。其中最常用的是 GET、POST、DELETE 和 PUT，对应的是查、改、删和增 4 个操作。我们在工作中接触和使用的最多的是 GET 和 POST 操作。

GET 用于获取 / 查询资源信息，它主要向服务器发送索取数据的请求，请求的键值对数据通常是通过附加到 URL 中一起发送给服务器。HTTP 规定，GET 请求应该是安全的和幂等的；POST 用于更新资源信息，向服务器提交数据，请求的数据通常是放在 HTTP 包的包体中。

> **注意**
>
> 网络上存在着一些对 GET 和 POST 方法的误解，比如从请求数据的长度等方面来比较二者，其实是不够准确和严谨的。在此，笔者查阅 HTTP 协议的文档后总结如下。
> HTTP 协议没有对 GET 和 POST 长度进行限制。之所以存在这个误解，是因为早期的 IE 浏览器限制 URL 长度在 2048 个字符以内，也会对 POST 请求的数据限制在 80K 字节 /100K 字节以内。不过，在实际项目中，也不宜构造过长的请求 URL，一方面是可读性降低，另一方面是过长的 URL 会增加服务器的处理负担。

自 1999 年发布 HTTP 1.1 之后的十几年间，HTTP 协议均无更新。HTTP 1.1 也是现在使用最多的一个版本，它是 HTTP 1.0 的一个优化版本，从一定程度上解决了连接无法复用的问题。但是，HTTP 1.1 也存在着诸多问题，例如报头字段过于冗长和重复，造成流量的浪费；无法支持服务器推送等。

针对 HTTP 1.1 的这些问题，业界也提出了各类优化方案，但这些方法都是在尝试绕开协议本身的缺陷，治本不治标。2012 年，Google 提出了基于 TCP 的应用层协议 SPDY，用以最小化网络延迟，提升网络速度，优化用户的网络使用体验。SPDY 并不是一种用于替代 HTTP 的协议，而是对 HTTP 协议的增强。HTTP 2.0 协议标准的制定是以 SPDY 为原型进行讨论的，并于 2015 年正式发布，编号 7540（相关链接：http://www.rfc-editor.org/rfc/rfc7450.txt）。

相比 HTTP/1.x，HTTP/2.0 主要变更和优化点是多路复用、HEAD 压缩、服务器推送和优先级请求。关于 HTTP2.0 和 HTTP1.1 协议的请求速度对比，可以参考由 Akamai 公司建立的一个官方演示，地址为：https://http2.akamai.com/demo。同时请求 379 张图片，从加载时间的对比可以看出 HTTP/2 在速度上的优势。

新协议的普及需要一定的时间，但 HTTP 本身属于应用层协议，和当年的 IPv6 网络层协议不同，它不需要网络基础硬件设施的改造，因此普及速度较快。另外，HTTP 2.0 兼容 HTTP 1.x 协议。Firefox 在 2015 年检测到有 13% 的 HTTP 流量使用了 HTTP 2.0 协议，27% 的 HTTPS 流量也使用了 HTTP 2.0 协议。

移动端的 HTTP 2.0 普及情况也在有序地推进。在 iOS 方面，iOS9+ 开始自动支持 HTTP 2.0。Android 方面，需要基于 Chrome 内核的 WebView 才能支持 HTTP 2.0，而 Android 系统 WebView 从 Android4.4（KitKat）才改成基于 Chrome 内核的。

2.4.2 HTML5

HTML5 是下一代的 HTML，它是 HTML、XHTML 和 HTML DOM 的新标准。HTML5 的第一份正式草案在 2008 年公布，经过多个组织和机构的完善和推动，于 2014 年定稿。

HTML5 为下一代 Web 提供了全新功能，并将引领下一代 Web 实现类似于桌面应用的体验。它支持的新特性主要包括：本地视频音频的播放、动画、地理信息、硬件加速、本地运行（离线能力）、本地存储、语义化标记等。HTML5 将会减少对外部插件的依赖（例如 Flash）。目前，主流的浏览器如 Chrome、Safari 和 Firefox 均已实现了对 HTML5 新特性的支持，不过部分功能可能会因浏览器厂商的实现方式不同而产生微小差异。随着移动互联网的发展，HTML5 也将成为一个能在各个终端运行的跨平台语言。

▶2.5　小结

本章主要介绍微信公众号的开发环境及其相关技术，首先介绍主流的集成软件开发包，并从不同维度进行对比，最后选定 XAMPP 作为讲解示例，并详细介绍了配置过程。IDE 选择的是 PhpStorm，并介绍了 PhpStorm 的基本配置。本章的开发环境搭建，只是作为一个示例，读者可以根据自身需求选择其他开发环境。接下来的一章将介绍微信公众号开发前需要具备的知识。

第 03 章

第 03 章

开发前的准备

本章主要介绍微信公众号开发的相关概念、基本原理、接入指南以及接口调用的权限及频率。本章内容作为公众号开发的必备知识，对于初次接触公众号开发的读者来说尤为重要。

3.1　开发概述

微信公众平台，是微信官方提供给运营者为微信用户提供资讯和服务的平台。公众平台中已经包含了基本运营功能，如文章推送、消息的自动回复等。但是若要实现一些比较复杂的功能及交互，则需要用到微信提供的公众平台开发接口。所有的接口文档都可以在这里找到：https://mp.weixin.qq.com/wiki。

3.1.1　OpenID

用户在跟公众号交互时，为了让程序识别用户的身份，需要有一个身份标识。出于对用户信息安全的考虑，保护用户隐私，微信没有暴露用户的微信号，而是对开发者提供 OpenID，它是一个由数字、大小写英文字母和下划线组成的 28 位字符串，

可以将其理解为加密后的微信号。它的产生规则是：每个微信用户针对每个公众
账号会产生一个 OpenID，如图 3-1 所示。

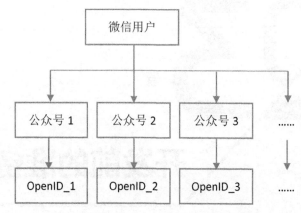

图3-1　微信用户与公众号的OpenID对应关系

对于同一个开发者，可能会开发多个公众号以及移动应用，假如需要做到用户共通，
则需要在微信开放平台中将这些公众号和移动应用绑定到同一个开放平台账号下。
绑定后，同一个微信用户对多个公众号和移动应用仍然会有多个不同的 OpenID，但
是它们会有一个相同的 UnionID，这样用户在同一个平台下就有了唯一标识，可以区
分用户的唯一性。

OpenID 对开发者来说非常重要，给用户发送微信模板消息、微信支付和获取用户基
本信息等这些操作和场景都需要使用到 OpenID。另外，它也是微信用户账户与已有
系统用户账户体系打通的关键桥梁，稍后的章节有详细介绍。

微信官方对 OpenID 的生成算法是不公开的，不提供接口从微信号到 OpenID 的转换。
因此，即使知道了用户的微信号和公众号的 AppId，也无法推算出用户的 OpenID。
这样从一定程度上保护了用户隐私。

3.1.2　公众号使用场景

公众号在给用户提供服务时，主要是通过公众号消息会话和公众号网页这两种形式
来实现的。

1. 公众号消息会话

微信把公众号当作用户的一个联系人，因此，我们在跟公众号交互时，也可以把它

当作我们的一个"朋友"，只不过这个"朋友"有些特殊，它的背后有开发者事先定义好的业务逻辑。我们从公众号角度看，可以把消息服务分为被动消息回复、消息群发、模板消息和客服消息四大类。

➤ **被动消息回复**：用户主动给公众号发送消息（如文字、语言和图片等），微信服务器会将该消息转发给开发者预设的服务器，服务器根据接收到的消息，执行相应的代码逻辑，然后把执行结果返回给微信服务器，微信服务器再把消息推送给用户。这是由用户主动发起的消息会话，故称作被动消息回复。

➤ **消息群发**：公众号可以向用户群发消息，比如图文消息。消息群发的频率跟公众号类型相关，订阅号1次/天，服务号4次/月。

➤ **模板消息**：给用户主动推送服务通知类消息，例如服务预约成功提醒、优惠券消费到期提醒。这类消息是通过预先设定的模板来填相应的文案来实现的，微信公众号后台会提供不同行业的模板供开发者选择，假如都不能满足需求，开发者可以自定义模板并提交审核。需要注意的是，用户取消关注公众号后，开发者无法再向用户推送微信模板消息。

➤ **客服消息**：客服场景中，公众号可以给用户发送不限数量的消息，前提是48小时内用户给公众号发送过消息或有过互动，例如在公众号消息对话框中与公众号的交互，用户点击公众号的菜单，这些都是用户和公众号的主动交互。

2. 公众号网页

上述的消息会话，只能满足最基础的消息互动，对于更为复杂的业务场景则无法满足。这时，就需要通过网页的形式来提供服务。这是一种非常开放的形式，开发者在开发公众号网页服务时，与其他场景的网页应用一样，需要额外做的就是符合一定的"游戏规则"。在这个网页应用里，可以通过网页授权获取到微信用户的基本信息，也可以通过微信 JS-SDK 直接调用微信的原生模块，例如微信支付、扫一扫和拍照等。

> **注意**
>
> 通过网页授权的方式获取用户基本信息时（授权 scope 值为 snsapi_userinfo），需要区分两个场景。
> 一是用户通过公众号进入到网页，例如从公众号菜单，公众号推送的图文消息进入。这种方式无需用户授权同意，即可直接通过接口调用获取到用户的 OpenID 和用户基本信息，这称为静默授权。
> 二是用户在公众号之外进入到网页，例如朋友圈分享的链接、聊天会话的消息链接等，这些场景已经脱离了"通过公众号进入"，这时需要用户主动同意授权，公众号才能获取到用户的基本信息。在此场景下，无论用户有没有关注公众号，都要主动同意授权。
> 当授权 scope 为 snsapi_base 时，所有场景的网页授权都是静默授权，用户无感知。

▶3.2　公众号消息会话流程

公众号消息会话是公众号与用户交互的基础，因此，理解消息会话的流程，对公众号开发者来说是一门必修课。

一次完整的消息会话流程如图 3-2 所示。分两个方面来介绍，一方面是消息从微信终端输入，抵达开发者的业务逻辑处理层；另一方面是业务逻辑处理完成之后回复给用户。下面以具体的场景来讲解整个流程，假如用户在公众号会话中输入"hello"，公众号回复"hello world"，其他输入则原样返回。

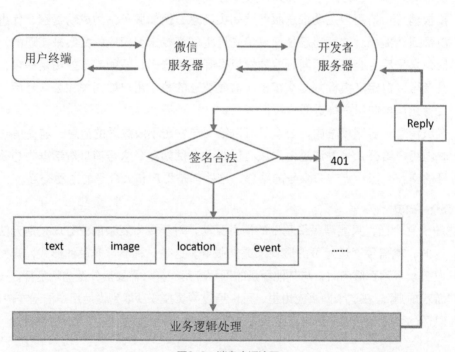

图3-2　消息会话流程

① 用户从微信客户端输入文本消息"hello"。

② 消息到达微信服务器。

③ 微信服务器按照一定的格式打包消息，POST 到开发者预先设定的服务器地址。

④ 开发者服务器接收到 POST 请求，验证签名是否合法，假如非法，可以忽略该请求，直接结束，跳转至⑨，或者做其他操作。假如合法，则跳转至⑤。

⑤ 解析请求数据。

⑥ 执行业务逻辑。这里的逻辑是判断文本消息是否为"hello"，假如是，则回复消息为"hello world"，假如不是，则保留原消息。

⑦ 按照要求组装好回复的消息内容和格式，回复给微信服务器。

⑧ 微信服务器接收到回复消息，输出到用户微信客户端。

⑨ 结束。

流程中的第④步，是一个验证消息是否来自微信服务器的过程，确保调用方的合法性。

3.3 接入指南

由图 3-2 可知，微信服务器会回调开发者服务器地址，这是开发者实现和微信用户互动的关键。我们需要在微信公众号后台填写开发配置信息。

登录公众号后台后，依次选择"开发→基本配置→服务器配置"。这里需要进行四项设置。

① URL：必须以 http:// 或 https:// 开头，只支持 80 端口和 443 端口。

② Token：非常重要的一个值，用来生成签名。微信服务器的每次回调中都会带签名字段（signature），该签名的生成算法跟 Token 有关。长度为 3 ～ 32 字符，笔者建议随机生成好后填写。

③ EncodingAESKey：消息体加解密密钥，长度为 43 位字符串。微信提供了随机生成密钥的功能。

④ 消息加解密方式：指的是微信服务器和开发者服务器之间进行通信时，消息体是否需要加密。此处有三种模式：明文模式、兼容模式和安全模式。可根据业务需求，选择加解密类型。加解密要耗费一定的 CPU 时间，所以可以根据需要来选择。对于安全性要求较高的业务，建议选择安全模式，这也是微信官方推荐的模式。

配置完成后，点击提交，微信服务器会发送一个 GET 请求到刚刚填写的 URL 地址中，并带上 4 个参数，参数及其含义如表 3-1 所示。

表 3-1　　　　　　　　　　　验证消息来自微信服务器时附带参数列表

参数名	简述
signature	微信签名，根据一定算法生成
timestamp	时间戳，参与签名的生成
nonce	随机数，参与签名的生成
echostr	随机字符串，假如签名验证成功，需要开发者原样返回

开发者通过验证 signature 的值来校验请求是否来自微信服务器。假如验证通过，则原样返回 echostr 参数的内容，此时接入成功。加密流程分为以下三步。

① 将 token、timestamp 和 nonce 三个参数进行字典序排序。

② 将三个参数拼接成一个字符串进行 sha1 加密。比如 token=abc、timestamp=123、nonce=456，则 sha1(abc123456)。

③ sha1 加密后，值与 signature 比较，假如相同，则说明请求来自微信服务器，否则签名为非法。

校验的 PHP 代码，在微信的官方文档中有示例，如下所示。

```
private function checkSignature()
{
    $signature = $_GET["signature"];
    $timestamp = $_GET["timestamp"];
    $nonce = $_GET["nonce"];
    $token = TOKEN;
    $tmpArr = array($token, $timestamp, $nonce);
    sort($tmpArr, SORT_STRING);// 字典序排序
    $tmpStr = implode( $tmpArr );// 拼接成一个字符串
    $tmpStr = sha1( $tmpStr );//sha1 加密
    if( $tmpStr == $signature ){
        return true;
    }else{
        return false;
    }
}
```

至此，微信开发者模式接入成功，接下来就是实现业务逻辑。用户的某些交互和操作，例如向公众号发送消息，点击自定义菜单，开发者的服务器均会收到来自微信

服务器推送的消息和事件。收到消息后，执行相应的业务逻辑，返回给微信服务器。

> **注意**
>
> 微信提供的这种签名验证方法，其实可以适用于对安全性要求不是非常高的 API 接口调用的验证上。但是，考虑到一种情况，假如有第三方恶意地拦截了这个请求，并且在不修改签名的情况下，篡改或新增一些参数，再重新发送请求到目标服务器，就不安全了。
>
> 上述这种行为称为重放攻击（Replay Attacks），是指攻击者发送一个目标主机已接收过的数据包，特别是在认证的过程中，用于认证用户身份所接收的数据包，来达到欺骗系统的目的，主要用于身份认证过程的攻击，破坏认证的安全性。
>
> 对于这类重放攻击，有一个方法可以从一定程度上规避：对时间戳 timestamp 字段进行验证。接收到请求后，把 timestamp 的值和服务器当前时间进行比较，如果差值大于某个阈值，就认为这是一个非法请求。设置这个阈值的原因是，源服务器和目标服务器的时间不一定完全一致，再加上网络传输存在延时，所以存在一定的时间误差。

3.4 接口权限及调用频率

由于订阅号和服务号的定位和承载的媒体属性不一样，因此它们拥有的接口权限也不一样。简单的理解是，服务号的接口集合大于订阅号。服务号九大高级接口如下。

1．语言识别接口

功能描述：通过语音识别接口，可以将用户发送的语音识别成文本并推送给公众号。

应用场景：开发者可以直接调用微信自主研发的语言识别技术，使用语音输入这种更具互动性的交互来开发更丰富的应用和服务。

2．客服接口

功能描述：通过客服接口，公众号可以在用户发送完消息的一段时间内（目前是 48 小时）向用户发送消息。

应用场景：此接口主要用于客服等需要人工消息处理环节的场景，方便公众号为用户提供更加优质的服务。从一定程度上解决了公众号只能被动回复消息的问题。

3．OAuth2.0网页授权接口

功能描述：请求用户授权，获取用户 OpenID 和基本信息，例如昵称、头像、性别、地区等。

应用场景：获取到用户的基本信息后，可以建立公众号自己的账户体系，实现在微信

33

浏览器环境中的自动登录，这个功能在后续章节中有详细介绍。

4．生成带参数的二维码接口

功能描述：公众号可以获取携带不同参数的二维码，用户通过微信"扫一扫"后，微信服务器会把该参数推送给公众号，来实现不同的业务逻辑。

应用场景：对于连锁店的应用来说，可以放不同的二维码在不同的门店，用户扫描后关注公众号，后台可以看到不同门店带来的关注量分别是多少；另外，这个功能还可以用来做账号绑定和朋友圈的商品分销。

5．获取用户地理位置接口

功能描述：获取用户进入公众号会话时的地理位置。

应用场景：提供基于地理位置的 LBS 服务（Location Based Service）和导航类服务。

6．获取用户基本信息接口

功能描述：根据用户的 OpenID，获取用户的基本信息，例如昵称、头像、性别、地区等。

应用场景：获取用户基本信息后，可以建立公众号自己的账户体系，做 CRM 管理后台等。

7．获取关注者列表接口

功能描述：获取所有关注者的 OpenID。

应用场景：结合"获取用户基本信息"接口，可以获取到所有关注者的基本信息，这样就可以知道是哪些用户在关注公众号，并基于用户数据做用户画像分析。

8．用户分组接口

功能描述：可以在微信公众平台后台创建用户分组，并管理这些分组。

应用场景：对不同人群分组，方便管理，实现消息的个性化推送。

9．上传下载多媒体文件接口

功能描述：上传下载多媒体文件到微信服务器，并可以上传一定数量的永久性素材。

应用场景：上传素材到微信服务器，并在推送消息时直接选择这些素材。

这九大高级接口，可以让服务号为用户提供更多服务和应用场景，例如为商家提供 O2O 类服务等。认证后的订阅号和服务号的主要接口权限和区别如表 3-2 所示（只列举了部分重要接口，完整接口请登录微信公众平台后台，进入"开发→接口权限"中查看）。

表 3-2 订阅号和服务号的主要接口权限

类目	功能	接口	订阅号	服务号
对话服务	发送消息	模板消息（业务通知）100 万次 / 天	○	●
	用户管理	用户分组管理	●	●
		获取用户基本信息 5000 万次 / 天	●	●
		获取用户列表 1000 次 / 天	●	●
		获取用户地理位置	●	●
	推广支持	生成带参数二维码 100 万次 / 天	○	●
		长链接转短链接接口 1000 次 / 天	○	●
功能服务	智能接口	语义理解 10000 次 / 天	○	●
	微信支付	微信支付接口	○	●
	微信小店	微信小店接口	○	●
	微信卡包	微信卡包接口	●	●
网页服务	网页授权	网上授权获取用户基本信息	○	●
	智能接口	识别音频并返回识别结果接口	●	●
	设备信息	获取网络状态接口	●	●
	微信扫一扫	调起微信扫一扫接口	●	●
	微信支付	发起一个微信支付请求	○	●

备注：● 代表拥有此功能，○ 代表无法开通此功能

部分接口每天有调用次数限制，对于粉丝量不大的公众号，微信默认的接口调用次数已经足够使用。接口调用量在短时间内不够用时，可以临时申请提高日调用上限。每三个月可申请一次，申请通过后 15 天内有效，所有接口的调用量提高至现有调用限额的 10 倍。

3.5 微信网页开发样式库

微信客户端以极简主义著称，但是又不失易用性，可谓"简约而不简单"。拿微信的"发现"这个菜单来举例，整体分为四大类：朋友圈、工具类、陌生人社交、电商和游戏。把最常用的"朋友圈"和"扫一扫"放在顶部，而其他跟微信聊天及社交主功能关联性不强的功能，都通过一个大类收纳起来，留一个入口。比如"游戏"这个大类，用户进去后会发现功能特别多，有搜索、消息、推荐和排行榜等功能，俨然就是一个游戏栏目的子系统，如图 3-3 所示。

图3-3　微信-发现和微信游戏页面

微信客户端的简洁设计，现在已经移植到了网页端——WeUI。它是一套同微信原生视觉体验一致的基础样式库，由微信官方设计团队专为微信内网页而设计，让用户在微信的环境中使用网页时，就像在使用微信的功能一样，体验更加统一。

目前这套基础样式库包含 button、cell、dialog、progress、toast、article、icon 等样式，并已在 GitHub 开源，下载地址：https://github.com/weui/weui。也可以直接扫描图 3-4 的二维码在手机上预览。此外，微信团队还设计了 WeUI-Design 样式库，提供 Sketch 与 PSD 基础样式库的源文件，下载地址：https://github.com/weui/weui-design。

图3-4　WeUI在线预览二维码

WeUI的源码采用单页面形式，实现了一套简单的页面路由，各页面组件封装到单独的HTML文件中，方便维护。部分运行效果如图3-5所示。WeUI对企业的实际项目具有较高的参考价值。在公司的实际项目开发中，对于一些简单的应用，建议在WeUI的基础上进行二次UI开发。使用WeUI的网页能在微信的环境中营造一个较好的用户体验。笔者后续的案例介绍中也会使用到WeUI的相关基础样式。

图3-5　WeUI运行效果图

3.6　小结

本章首先介绍了OpenID的基本概念，它在公众号的开发中扮演了非常重要的角色。然后介绍了公众号消息会话的流程，分析了消息会话的原理。最后详细介绍了服务号的九大高级接口，以及服务号和订阅号权限的对比，为后续的章节打下基础。

第

04章

常用调试方法及工具

调试工具在软件开发过程中的重要程度，相信每一位开发者都很清楚。虽然不存在一个毫无缺陷的软件，但是我们可以通过测试手段发现问题，并解决或者规避掉。对于存在于系统中的 bug，我们可以使用调试工具，定位出错的代码位置，设置断点跟踪变量，最终解决问题。正所谓"工欲善其事，必先利其器"，说的就是这个道理。

常用的 Web 开发调试工具，都适用于微信公众号的开发调试，例如谷歌浏览器（Chrome）的开发者调试工具，火狐浏览器（Firefox）的 Firebug 插件等。但是，由于微信公众号运行环境的特殊性，它必须依赖于微信浏览器的运行环境才能调试。所以，微信公众号的开发调试，还需要额外借助微信官方的调试工具。

本章主要介绍 Web 开发的常用调试工具，以及针对微信公众号开发需要掌握的调试工具，为接下来的开发工作做足铺垫。

4.1 微信测试号

对于普通的开发者，想要使用公众号的高级接口权限，需要申请一个服务号并通过微信认证才能使用。目前微信认证只支持以下四种类型的认证：企业法人及个体户商户、媒体、政府及事业单位和其他组织。显然，对于一个普通开发者来说，以上四种认证方式都不适合。因此，微信提供了一种无须申请公众号，无须微信认证，直接体验和测试公众平台所有高级接口的方式——微信公众平台接口测试账号。申请地址如下：https://mp.weixin.qq.com/debug/cgi-bin/sandbox?t=sandbox/login。点击"登录"，使用个人微信号"扫一扫"进行扫码，并在手机上进行权限确认，如图4-1所示。一个微信号只可申请一个公众平台测试账号。

图4-1 手机端微信确认登录测试账号系统

确认登录后，进入测试号管理页面。这里包含了测试账号的几个基本信息。

➢ 测试号信息：包含AppID以及AppSecret。

➢ 接口配置信息：公众号的回调接口地址，以及Token信息。

➢ JS接口安全域名：使用JSSDK需要绑定的域名信息。

➢ 测试号二维码：扫码后即可关注该测试公众号。所有要体验该测试号功能的微信用户（例如分享给用户的测试号网页链接）都必须先关注该测试号，目前最多支持100位关注者。关注后，可以在管理界面看到关注用户列表，包含关注者的OpenID，并可以直接移除关注者。

➤ 模板消息接口：支持最多自定义10个微信模板消息，并且测试模板可以任意
　　指定内容。实际上正式账号的模板消息，只能从微信模板消息库中选取，或自定
　　义模板，然后提交审核。同时，接收模板消息的微信号必须先关注该公众号。

➤ 体验接口权限表：这里包含测试账号的所有权限和设置功能，例如OAuth2.0
　　网页授权的授权回调域名设置。测试号的权限基本能满足常用功能的体验及开
　　发，接口的调用次数会受到限制，不过微信给出的限额已经足够。另外，涉及支付
　　的相关功能也无法使用。测试号与正式服务号的权限接口对比如表4-1所示。

表 4-1　　　　　　　　　测试号与正式服务号的权限接口详细对比

类目	功能	接口	测试号	正式服务号
对话服务	界面丰富	个性化菜单	○	●
功能服务	微信支付	微信支付接口	○	●
	微信小店	微信小店接口	○	●
	微信卡包	微信卡包接口	○	●
网页服务	基础接口	获取 jsapi_ticket	○	●
	微信扫一扫	调起微信扫一扫接口	○	●
	微信支付	发起一个微信支付请求	○	●
	微信卡券	微信卡券相关接口	○	●

备注：●代表拥有此功能，○代表无法开通次功能

测试号的接入，与正式号的接入方式一样。在"接口配置信息"一栏点击"修改"，
填入 URL 和 Token 后点击"提交"验证，如图 4-2 所示。

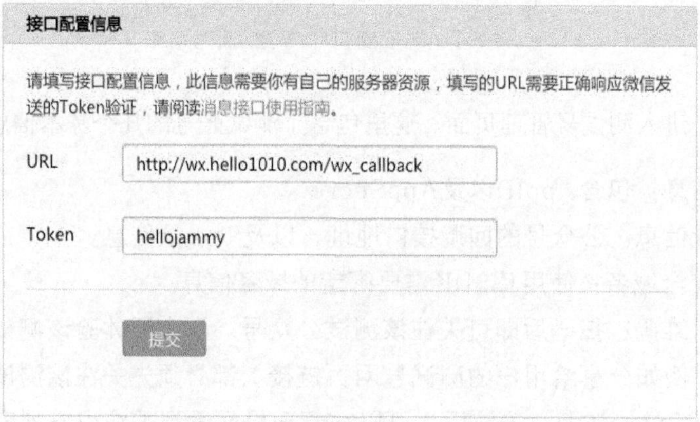

图4-2　填写测试号接口信息

4.2 接口在线调试

调用公众平台的 API 接口时，需要带上接口参数，在参数组装时难免会犯一些小错误，此时可以根据返回的错误码初步判断问题所在。想要再进一步跟踪错误，例如发送的哪个字段参数错误，修改某些参数返回值是怎样的，可以借助微信公众平台接口在线调试工具。该工具的主要用途是帮助开发者检测调用微信公众平台开发者API接口时，发送的请求参数是否正确，提交参数后即可获得微信服务器的验证结果，也可用来获取接口调用的 access_token。

在线调试工具下载地址：http://mp.weixin.qq.com/debug/。目前该工具支持九大类型接口的在线调试，分别是基础支持、向用户发送消息、用户管理、自定义菜单、推广支持、消息接口调试、硬件接入 API 接口调试、硬件接入消息接口调试和卡券接口。

在线调试工具的使用也非常简单，选择需要调试的接口类型，填入接口参数，提交后可以看到相应的调试信息。图 4-3 是根据 AppID 和 AppSecret 获取公众号access_token 的接口调试。access_token 是公众号的全局唯一票据，公众号各接口的调用都需使用 access_token。接口调试的输出结果如图 4-4 所示。

图4-3　根据AppID和AppSecret获取公众号access_token

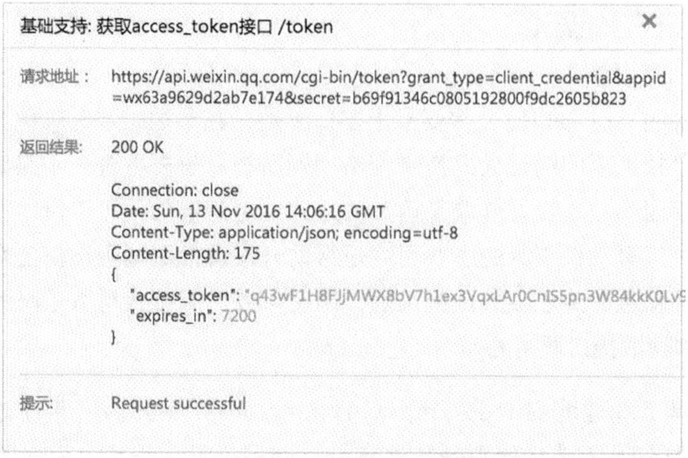

图4-4　接口调试结果输出

▶ 4.3　微信Web开发者工具

由于微信公众号网页的 OAuth2.0 授权需要在微信浏览器环境中才能完成，因此，当公众号网页在终端出现异常时，例如脚本报错，页面样式显示异常等，开发者要定位问题会比较困难，因为网页无法在电脑端的浏览器中调试。为此，微信官方推出了 Web 开发者工具，极大地方便了开发者调试基于微信的网页，也使调试过程更加安全。

微信 Web 开发者工具是一个桌面客户端，有 Windows（32 位系统和 64 系统，支持 Windows XP 和 Win7 及以上）版本和 Mac（支持 OS X10.8 及以上）版本。

微信 Web 开发者工具可以给开发者带来以下几个便利。

➢　通过桌面应用模拟微信运行环境，调试微信网页授权。

➢　调试JS-SDK，支持模拟大部分JS-SDK的输入和输出。

➢　支持QQ浏览器X5 Blink内核的远程网页调试。

工具介绍和下载地址：https://mp.weixin.qq.com/wiki?t=resource/res_main&id=mp1455784140。

下载完毕之后，需要做以下几步设置和操作。

① 绑定开发者微信号：登录微信公众号后台，依次进入"开发者工具→ Web 开发

者工具"，点击"绑定开发者微信号"，输入开发者微信号，发送绑定邀请，开发者
在微信客户端接受邀请即可完成绑定。一共可以绑定 10 个开发者微信号。

② 启动微信 Web 开发者工具，使用刚绑定的微信号登录微信客户端"扫一扫"二
维码登录。

③ 登录成功后，有两个调试类型供选择，即"本地小程序项目"和"公众号网页开
发"。选择"公众号网页而开发"，进入调试工具的主界面，如图 4-5 所示。

图4-5 微信Web开发者工具主界面

经过以上三步，就可以开始调试公众号网页了。

4.3.1 微信网页授权调试

接入微信网页授权之后，假如在非微信浏览器环境打开公众号网页，则会收到"请
在微信客户端打开链接"的错误提示，如图 4-6 所示。这是由于微信网页授权采用
OAuth2.0 授权，会跳转至微信授权服务器进行授权，由于在非微信浏览器环境无法
获取微信用户身份，则提示错误。

因此，在调试公众号网页授权功能时，开发者通常需要在手机微信客户端输入 URL
进而获取用户信息，进行开发和调试工作。由于手机的诸多限制，这个过程很不方
便。通过微信 Web 开发者工具，可以模拟微信 WebView 环境，很方便地在电脑端
进行微信网页调试。

在顶部地址栏输入网页地址，加载完成后，在左侧的微信 WebView 模拟器中呈现出跟手机端一样的效果。注意，只支持调试微信号绑定过的公众号。

笔者的授权调试页面地址为 wx.hello1010.com，则会提示登录，该效果跟在微信客户端打开的效果是一样的，如图 4-6 所示。登录成功后，打印出获取到的用户信息，如图 4-7 所示。

图4-6　确认登录授权

图4-7　授权成功后打印出用户信息

4.3.2 JS-SDK权限校验

微信 JS-SDK 是微信公众平台向网页开发者提供的基于微信内的网页开发工具包，
开发者可以借助微信客户端，高效地使用拍照、语音、选图和位置等手机系统的原
生能力，也可以使用分享、扫一扫和支付等微信客户端特有功能。

同微信网页授权功能一样，在手机端调试 JS-SDK 比较困难。通过 Web 开发者工具，
也可以模拟 JS-SDK 在微信客户端中的请求和表现，并在控制台直接看到结果。我
们以微信官方提供的 JS-SDK DEMO 页面为例，在微信 Web 开发者工具的地址栏
中输入 http://demo.open.weixin.qq.com/jssdk，如图 4-8 所示。

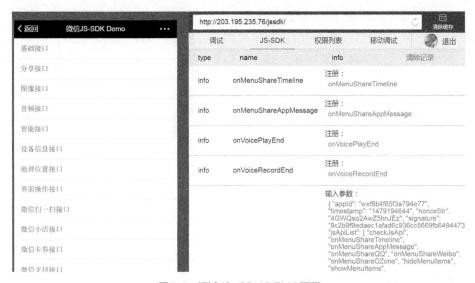

图4-8　调试JS-SDK DEMO页面

在控制台会输出 JS-SDK 配置的状态是否正常，并输出 JS-SDK 的权限列表。在左侧
可以选择不同的接口进行调试，在右侧的控制台中会有相应输出。需要注意的是，微
信 Web 开发者工具并不支持所有的 JS-SDK 接口调试，例如微信支付接口，只能在
手机端体验 JS-SDK 微信支付，在模拟器中无法支持，此时会在控制台中输出消息：
"getBrandWCPayRequest:fail，没有此 SDK 或暂不支持此 SDK 模拟"。但是可以
通过网页远程调试来实现，步骤会稍微复杂一下，下个小节会有详细介绍。

4.3.3 网页远程调试

微信 Web 开发者工具中的网页调试工具，是 Chrome DevTools 的集成方案，使用

的是桌面端浏览器内核，与移动端的浏览器环境略有差异。因此，在开发者工具中的网页样式呈现和脚本逻辑，和移动端网页表现会有一些不同。在实际项目中，开发者可能会遇到类似的困扰。例如，在本地开发调试时，页面表现正常，但是在手机端预览时，却发现异常。开发者此时最需要的调试方法就是直接调试真机网页，这样方可快速定位问题。如今，微信 Web 开发者工具可以完成这项充满挑战的工作。

按照微信官方的说法，能做到这一点的原因是，微信 Web 开发者工具借助了weinre（Web Inspector Remote）的移动调试功能，并和微信浏览器的 X5 Blink内核进行整合，从而具备了远程调试的能力，如图 4-9 所示。具体调试方法可以按照微信开发者工具的提示步骤进行操作，这里不再赘述。需要注意的是，微信开发者的移动调试功能对移动设备有版本要求，特别是在调试 X5 内核时，有环境要求。想要实现通用的移动端设备功能，可以借助 weinre 来实现，后面小节有详细介绍。

图4-9 微信Web开发者工具的移动调试功能

4.4 前端调试工具

在开发前端 Web 页面时，我们需要用调试工具来调试 HTML、CSS 和 JS 代码。微信公众号的开发，根据业务需求，可能有一大部分工作都会涉及前端页面的开发。因此，常用的前端调试工具，都适用在微信公众号的网页开发中。俗话说得好：

"工欲善其事，必先利其器"，善于利用调试工具来解决问题，也是专业技能的一个体现。

主流的浏览器，都有对应的调试工具。例如，Firefox 浏览器开发者工具和 Firebug 插件，Chrome 和 IE（Internet Explorer）也有自己的开发者工具。这类前端开发调试工具，通常都具有以下几个主要功能。

➢ 移动端模拟器、网络环境模拟器，可以方便地模拟出网页在不同移动端设备（Android和iOS设备，可以具体到型号）的显示效果，另外，还可以模拟出不同网络环境（Wifi/4G/2G等，或自定义网络上传下载速度）下网站的响应速度。

➢ 强大的控制台，可以执行脚本，断点调试时可以实时查看变量值。

➢ 可视化修改HTML代码、CSS样式，并实时渲染页面。

➢ 脚本断点调试，可以方便地跟踪脚本执行路径。

➢ 按类型查看请求，并对请求进行时间分析。

➢ 资源查看：Local Storage，Session Storage以及Cookies资源的管理。

➢ 代码分析：可以分析没有被使用的CSS样式占比，并给出一些前端优化建议。

➢ 其他功能：更高级的开发者工具，可以分析内存泄露等问题。

不同的浏览器，由于使用的内核不同，显示效果可能会有略微差异。不过，移动端的浏览器内核大部分都是基于 WebKit 的，因此，调试移动端网页，兼容性问题会比 IE 时代好很多。

注意

浏览器内核是浏览器最为重要的部分，核心部分成为渲染引擎（Rendering Engine）。不同的浏览器内核对 HTML 语法的解释也会有所不同，因此开发者需要在不同内核的浏览器中测试网页显示效果。对于开发者来说，最为痛苦的时代莫过于 IE6 时代。

常见的浏览器内核有以下几种。

➢ Trident：Windows 平台内核，1997 年在 IE4 中首次被采用，并沿用至 IE11，被称为 "IE 内核"。
➢ Gecko：开源跨平台内核，Firefox 采用的内核。
➢ Webkit：开源跨平台内核，苹果公司开发的内核，Safari 和 Chrome 采用了该内核，Webkit 在移动设备上的应用最为广泛。

由于历史原因，国内浏览器厂商开发了 "双核浏览器"，它通常是 Trident 搭载另外一个内核，Trident 是兼容浏览模式，另外一个内核是高速浏览模式，用户可以来回切换。由于 IE 内核的浏览器进入国内的时间比较早，银行类和政府类的站点都只兼容 IE 内核，因此，双核浏览器有其存在的必要和价值。

谷歌浏览器开发者工具

笔者在开发前端网页的过程中，比较倾向于使用谷歌浏览器，它内置了开发者工具，界面简洁、功能强大。下面对其主要功能做介绍。打开谷歌浏览器，输入调试网页后，通过右上角的设置选择"更多工具→开发者工具"，便可打开开发者工具的主界面。在左上角选择移动端模拟器，如图 4-10 所示。

图4-10　谷歌开发者工具主界面

谷歌开发者工具的主要功能，按类型分为九大模块，分别是 Elements、Console、Sources、Network、Timeline、Profiles、Application、Security 和 Audits。 这九大功能模块的用途和用法，相信开发者都能快速上手并熟悉。下面对 Console、Sources 和 Audits 做详细介绍。

1．Console

开发者工具的控制台，可以查看调试信息，例如在 JavaScript 脚本中通过 console.log 的方式输出的信息，会在控制台中显示；执行 JavaScript 代码也可以在控制台中完成。控制台的角色和操作系统的终端命令行有些类似。下面再说一些比较隐蔽的功能。

打印不同类型的日志信息：除了我们熟知的 console.log 方法，还有其他更为丰富的日志类型输出。合理地应用 console 对象的 log、info、warn 和 error 方法，可以使日志输出更为直观，如图 4-11 所示。

图4-11 console的日志输出

计时：开发者有时候需要知道某个函数的执行时间，Console 也能帮上忙、把待测试的函数在 Console 中输入，并在函数开头加上 console.time（"时间测试"），在函数结尾加上 console.timeEnd（"时间测试"），执行完毕之后，会在结尾输出函数的执行时间，如图 4-12 所示，执行 10 万次整数累加耗时 12.8 毫秒。

图4-12 计时功能

想要更为精确的时间分析，可以使用 console.profile 函数。

console 对象下面还有很多比较好用的方法，可以根据需要使用。通过打印 console 对象可以查看到所有方法：console.log(console)。当然，日志输出也不是越多越好，笔者建议线上系统尽量关闭日志，某些必须输出的日志除外。

2. Sources
在 Sources 中可以看到当前页面加载的所有源码，并按照目录结构呈现。Sources 区域的最大用途是断点调试 JavaScript 代码。选择需要调试的文件，在需要调试的代码行中打断点（点击代码行号可打断点），刷新页面之后，代码运行到断点处便会停住，并查看相应的变量值，如图 4-13 所示。

图4-13　脚本断点调试

3. Audits

开发者工具的 Audits 功能，会对网页进行分析，并给出一些优化建议。例如，脚本合并建议、样式未使用提示等。建议开发者在站点上线之前，对这些优化项进行检查，必要时进行适当的优化。关于前端的优化方法，这里不再展开讨论。

4.5　移动端抓包与调试

浏览器的开发者工具和微信 Web 开发者工具，都属于模拟器，虽然可以几乎接近真机环境，但是仍旧无法真正还原真实的移动端设备环境。移动端设备，由于操作系统的版本差异，特别是开源的 Android 系统，版本分布广，加上各手机厂商对 Android 操作系统进行深度定制化等原因，难免会导致同一个页面在不同手机上表现不一致的情况。因此，对于网页在某些移动端设备样式不一致的疑难杂症，直接调试真机页面将会助于问题的解决。

本小节来探讨一下微信移动端开发和调试过程经常遇到的一些问题，并给出一个较通用的解决方案。首先，我们梳理一下需求和问题。

➢ 移动端抓包：查看移动端请求详情，请求是否异常，数据返回是否符合预期，脚本是否报错等。

> 移动端访问本地开发环境代码：在不发布代码到外网测试环境的情况下，如何做到在移动设备访问本地开发环境代码，做到边开发、边在真机预览。

> 移动端调试：电脑端直接调试移动端网页。

相信很多开发者都会有上述三个需求。笔者以前后端开发的经验总结，利用现有开发工具给出一个解决方案供大家参考。环境的架构部署如图 4-14 所示。

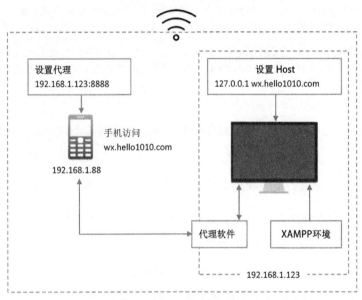

图4-14 移动设备调试整体解决方案

上述方案的整体思路是，在同一个无线网络环境下，利用代理软件，把移动设备和桌面电脑连接在一起，并使用 Host 把域名映射到本地。简单地讲，就是移动设备通过电脑来连接网络。图中的 "XAMPP 环境" 的配置方法，可以参见本书 2.2 节的 "XAMPP 的安装与配置"。图中的 "代理软件"，选择也较多，在 Windows 环境下可以选择 Fiddler，在 Mac 环境，可以选择 Charles。不过这类代理软件只具备代理上网功能，不具备远程调试页面的能力，想要实现远程调试页面，还需要借助其他工具。目前比较好用的是 weinre，或者是基于 weinre 的工具（例如 spy-debugger）。

在这里简单介绍一下 weinre，它是移动 web 调试的利器。weinre 是 Web Inspector Remote 的简写，它是一种远程调试工具，与 FireBug 和 Webkit inspector 类似。Weinre 主要由三部分构成。

➤ debug server：运行在服务端，是核心组件，它的本质是一个 http server，负责与 debug client 和 debug target 通信。
➤ debug client：与 debug server 通信，内置 webkit 内核，负责展现页面，允许简单的 DOM 元素修改和脚本执行能力。
➤ debug target：目标页面，即待调试页面。

基于 weinre 的页面调试，需要在被调试的页面中添加一个 JavaScript 脚本，这样才能被 weinre client 检测到。当然，也有一些基于 weinre 的工具，可以自动在页面中注入脚本，例如 spy-debuger，下载和安装地址：https://github.com/wuchangming/spy-debugger

需要注意的是，weinre 的 debug 客户端是基于 Web Inspector 开发的，而 Web Inspector 只兼容 WebKit 内核浏览器，因此，weinre 的 debug 客户端只能在 Chrome 或者 Safari 中打开，无法在 IE 中打开。

下面将按照图 4-14 的部署，来实践移动端调试，实现对移动端设备的抓包。详细的操作步骤如下。

① 部署 XAMPP 环境：在本地能正常开发 PHP 程序，详细步骤参见 2.2 节的内容。

② 连接到同一个无线网络：把待调试的手机和桌面电脑连接到同一个无线网络，目的是使两者处于同一个局域网，并且在同一网段。

③ 设置 Host：在本地桌面电脑开发环境，设置 Host 文件，把需要调试的域名映射到本地。Host 文件的位置在不同操作系统下有差异，如下：

```
Windows：c:\Windows\System32\drivers\etc\hosts
Mac：/etc/hosts
```

打开文件，在文件的最后一行输入以下代码：

```
127.0.0.1 wx.hello1010.com
```

④ 安装并设置 spy-debugger：spy-debugger 依赖于 node 环境，因此，在安装之前需要安装 node。spy-debugger 的详细安装步骤可参见其在 GitHub 上的介绍：https://github.com/wuchangming/spy-debugger

⑤ 手机设置代理：假设桌面电脑的 IP 地址是 192.168.1.123，则把移动设备的代理

IP 地址设置为上述 IP 地址，端口号使用 spy-debugger 的默认端口号 9888；在 iOS
设备中，设置路径为"设置→ Wi-Fi → HTTP 代理→手动"，如图 4-15 所示。

图4-15　iOS设备设置HTTP代理

⑥ 启动 spy-debugger：输入 spy-debugger 启动，如图 4-16 所示。-b 参数设置
为 false，代表需要抓取所有的 HTTPS 请求（默认只拦截浏览器发起的 HTTPS 请
求）。启动成功后，会自动在默认浏览器中打开一个调试页面，假如没有自动打开页
面，可以按提示手动输入地址。

```
hellojammy@hellojammy-MBP:~$ spy-debugger -b false
正在启动代理
2016-11-19T17:00:07.724Z spy-debugger: starting server at http://localhost:49546
(node:23269) DeprecationWarning: 'GLOBAL' is deprecated, use 'global'
node-mitmproxy启动端口：9888
浏览器打开 ---> http://127.0.0.1:49550
Cannot read property 'displayName' of undefined
spyweinrefortest.com
2016-11-19T17:00:26.130Z spy-debugger: target t-2: weinre: target t-2 connected to client c-1
```

图4-16　启动spy-debugger

⑦ 移动设备访问网页：在微信端打开网页，接下来就可以进行调试操作了。注意，
在手机端发出的所有 HTTP 和 HTTPS 请求，都会被 spy-debugger 拦截，因此可
以在微信端、手机 QQ、手机浏览器等入口打开页面并进行调试。

⑧ 移动调试：spy-debugger 打开的调试页面，顶部分为两部分，分别是"调试页面"和"抓包"，如图 4-17 所示。在"调试页面"这一栏，左侧有 6 个小工具，跟浏览器的开发者调试工具比较类似。"Remote"中可以看到正在调试的页面，以及连接成功的设备；"Elements"是手机端页面的 HTML 源码，可以做简单的样式修改、样式定位、页面元素定位、鼠标在元素之间移动，会实时地映射到手机端。另外，还可以在"Console"中看到日志的输出，是否有脚本报错等信息，也可以执行脚本，例如在控制台输入 alert('hello')，则手机端会弹窗。

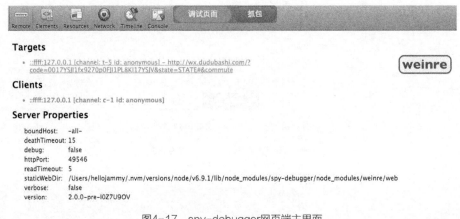

图4-17　spy-debugger网页端主界面

⑨ 移动抓包：切换到"抓包"一栏，会看到移动设备的所有 HTTP 和 HTTPS 请求。点击其中任何一个请求，可以看到对应的请求详情。spy-debugger 内置 AnyProxy 提供的抓包功能，不过也可通过设置外部代理和其他抓包代理工具一起使用（如 Fiddler 和 Charles），可以看到更加直观和详细的网络请求数据包。笔者使用 Charles，它的 HTTP 代理端口是 8888，输入以下命令启用：

```
spy-debugger -b false -e http://127.0.0.1:8888
```

此时，在手机端访问 wx.hello1010.com 时，实际上是访问的是电脑端的站点代码，因为我们配置了 HOST，这时就可以在手机端直接预览本地电脑端开发的代码了。

经过以上几个步骤，就实现了移动抓包、移动调试以及手机端直接访问电脑端开发版本页面。另外，对于某些需要绑定域名的接口，例如微信 JS-SDK，我们的这种方案也可以在不发布代码到外网服务器的情况下，直接使用相应接口。

需要注意的是，有些公司的内部网络策略会有一些限制，会导致上述方案无法实施。假如在家里的网络可以，而公司的网络环境下失效，建议找到公司里负责网络管理的同事，询问是否有网络策略限制。

最后需要提醒一点的是，做完调试之后，记得把手机的 HTTP 代理关闭，否则电脑关机之后，手机也会无法上网。

Charles抓包工具

上小节介绍的移动端调试和抓包方法，是一个整体解决方案，有时候我们并不需要调试页面，而只是想对移动端进行抓包。这时使用代理软件就可以达到目的。笔者推荐使用的是 Charles，有 Windows 和 Mac 两个平台的版本，在 Windows 系统中，笔者推荐使用 Fiddler。

Charles 具有一般代理软件所具有的功能，例如支持 SSL 代理、流量控制、AJAX 调试、重发网络请求、修改网络请求参数等。

安装 Charles 并启动，依次进入 "Proxy → Proxy Settings…"，选中 Proxies 这栏，在 HTTP Proxy 中，勾选 Enable transparent HTTP proxying，设置端口号，如图 4-18 所示。设置好 Charles 之后，进行手机的代理设置，端口号与 Charles 中设置的保持一致。这里需要注意的是，手机和电脑需要连接到同一个无线网络环境中。手机和电脑都设置好了之后，就可以在手机端进行页面访问了，此时可以在 Charles 中看到所有的 HTTP 和 HTTPS 请求，并进行数据包分析。

使用代理软件来实现手机端的数据抓包，其原理简单地理解就是手机通过电脑来进行网络访问，手机的所有 HTTP 请求都需要经过电脑端。既然是通过电脑来访问，那么电脑端的 HOST 设置也会对手机端的网络请求生效，手机端的网络访问，会应用电脑端的 HOST 规则。这样可以带来两个好处。

一个好处是无需设置移动设备的 HOST。移动设备配置 HOST，通常都需要有超级管理员权限，通过越狱或者 ROOT 才能获取相应的权限，门槛较高。而移动设备设置 HOST 又是测试人员需要经常用到的一项技能。例如，新开发的接口部署在测试环境，需要在 App 中验证该接口，此时，就可以在电脑端把域名映射到测试服务器的 IP 地址，这样设置后，App 中与该域名相关的请求都会发到测试服务器，从而实现不发布 App 版本就能调试新接口的目的。

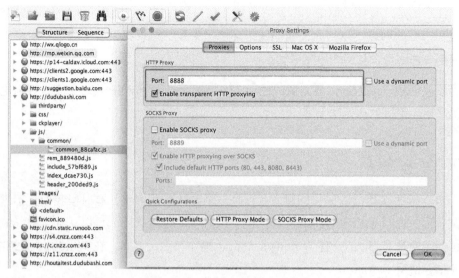

图4-18　Charles中设置HTTP代理

另一个好处是，可以访问某一台外网服务器。先说一个场景，为解决高并发问题，某站点使用负载均衡技术来分流请求，站点部署在 A、B、C 三台服务器。现有新功能要上线，在测试环境验收通过后，需要发布到正式环境。通常的做法是先把某台线上服务器离线（从负载均衡列表中剔除，用户请求不会被分配到该服务器，例如服务器 A），发布最新代码到该服务器，验证功能，通过后再发布到所有服务器。这个过程也被称为离线发布。现在的问题是，如何保证测试人员能访问到发布了最新代码的服务器。方法很简单，就是配置电脑端的 HOST，这样就可以把请求直接映射到服务器 A。假如站点需要在手机端验证，也可以使用 Charles 等代理软件来做，如上述介绍的方法一致。

▶4.6　小结

本章介绍了微信公众号开发过程中涉及的主要调试工具和方法，包括：微信测试号、公众号接口在线调试、微信 Web 开发者工具、前端调试工具以及移动端的抓包与调试。有些调试方法，例如移动端的抓包和调试解决方案，不仅适用于公众号的开发，也适用于其他类型站点的开发调试。接下来将介绍一个基于 CodeIgniter 的 PHP 公众号开发框架。

第 **05** 章

基于CodeIgniter的
微信公众平台开发框架

本章将介绍一个 PHP 框架——CodeIgniter，并在此框架基础上做简单的改造以适应
后续的扩展，并新增了微信公众号开发相关的 SDK。

▶ 5.1 CodeIgniter简介

CodeIgniter（以下简称 CI）是一个小巧但功能强大的 PHP MVC 应用程序框架，作
为一个简单而"优雅"的工具包，它可以为开发者们建立功能完善的 Web 应用程序。
CI 为开发者提供了足够的自由，它并不是一个大而全的 PHP 框架，没有大规模集成
类库，没有使用复杂的模板语言，无需做过多的配置即可直接使用。CI 中国的地址是：
http://codeigniter.org.cn/。

CI 虽小，但是"五脏俱全"。对 CI 感兴趣的读者，可以通读它的代码，在了解框架
的同时，也可以学习应用程序框架的设计思想。下图是 CI 的应用程序流程图。

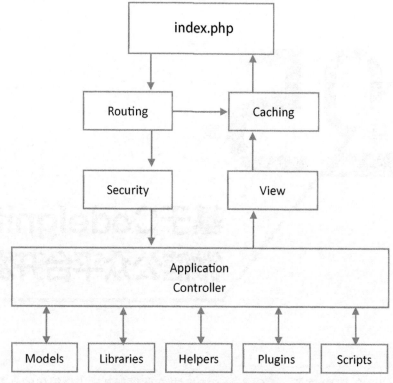

图5-1　CodeIgniter应用程序流程图

上图说明了基于 CI 系统的数据流程。

① 前端访问 index.php，初始化运行 CI 所需的基本资源。

② Router 检查 HTTP 请求，以确定如何处理该请求。

③ 如果存在缓存文件，则直接读取缓存并输出到浏览器。

④ 在加载应用程序控制器之前，对 HTTP 请求以及对用户提交的数据进行安全检查，例如 XSS 过滤。

⑤ 控制器加载模型、核心类库、辅助函数以及其他所有处理该请求所需的资源。

⑥ 渲染视图并发送至浏览器，如果开启了缓存，视图会被缓存起来用于后续的请求。

CI 是基于 MVC 的框架。MVC 是一种用于将应用程序的逻辑层和表现层分离出来的设计模式。在实际开发中，得益于这种开发方式，页面中只会包含少量的 PHP 脚本代码。

CI 的设计目标是在最小化、最轻量级的开发包中得到最大的执行效率、功能和灵活性。从技术和架构角度看，CI 可以支持动态实例化对象，组件高度独立，并且彼此松耦合。它在小巧的基础上力求做到简单、灵活和高性能。

5.2　工程代码改造

从官网下载 CodeIgniter 3.1 版本的源码，解压后稍作配置即可使用，具体安装方法参照官网文档。一个完整的 CodeIgniter 代码目录结构如下所示：

```
├── application
│   ├── cache      // 缓存文件
│   ├── config     // 配置文件
│   ├── controllers    // 控制器
│   ├── core       // 核心系统类
│   ├── helpers    // 辅助函数
│   ├── hooks      // 钩子 - 扩展框架核心
│   ├── language
│   │     └── english
│   ├── libraries  // 类库
│   ├── logs       // 日志文件
│   ├── models     // 模型
│   ├── third_party    // 第三方平台代码，例如 SDK
│   └── views      // 视图
│         └── errors
├── system     //CodeIgniter 核心代码
```

system 是 CI 的核心代码，application 是一个完整的应用程序代码，适用于单个站点的情况，当有多个站点存在并且需要共享同一份 CI 的 system 代码时，则需要做一些改动。下面给出一个可行的方案，经过简单的改造，就可以应用到多个站点，改造后的目录结构如下所示：

```
├── application
│   └── wechat     // 应用程序目录
│       ├── cache      // 缓存文件
│       ├── config     // 配置文件
│       ├── controllers    // 控制器
│       ├── core       // 核心系统类
│       ├── helpers    // 辅助函数
│       ├── hooks      // 钩子 - 扩展框架核心
│       ├── language
```

```
|           ├──── libraries   //类库
|      ├──── service   //公用业务逻辑
|           ├──── logs   //日志文件
|           ├──── models   ////模型
|           ├──── resource   //资源文件, 存放 css、js, 图片
|           ├──── third_party   //第三方平台代码, 例如 SDK
|           └──── views   //视图
├──── system   //CodeIgniter 源代码
```

做的改动点有两个：把原先 application 目录下的所有文件及文件夹移到 wechat 目录下，并最终归到 application 目录中，与 system 目录平级。这样做的目的是，希望所有的站点都统一到 application 目录里，各个站点独立运行，共享 CI 的同一套 system 代码，便于管理和 CI 的升级。由于应用程序 wechat 相对于 system 的目录层级发生了变化，所以在 wechat/index.php 入口文件中，需要修改 application_folder 和 system_path 的值，分别改为：

```
$system_path = '../../system';
$application_folder = '../application/wechat';
```

后续增加站点时，只需要在 application 目录中新增一个文件夹，并复制原先 application 目录下的所有代码（CI 原生目录结构下的 application）到新文件夹，修改 index.php 中的 application_folder 和 system_path 的值，就可以完成站点的接入。

另外，笔者在 wechat/core 目录下新增了一个 MY_Controller.php 文件，继承自 CI_Controller 类，在这里实现一些控制器的基本方法，例如统一登录、视图渲染等。另外还有 MY_Model 和 MY_Loader 两个文件。完整的目录结构和代码请参考本书的源代码。

▶5.3　微信公众号开发配置

在使用微信公众号 API 时，可以做一些简单的封装，以便于统一管理相关接口及全局性数据。例如接口调用凭据 access_token 的使用，假如在工程代码中多处随意调用获取 access_token 的代码，而不做缓存处理，可能会因为调用次数过多而导致接口调用失败。因此，对微信公众号开发接口的二次封装显得很重要。

读者可以自己封装公众号接口，也可以选择一些开源且成熟的框架来直接使用，避免重复造轮子。笔者也选择了一个开源框架代码，集成到 wechat 工程中。

对封装好的接口代码，属于第三方代码，因此，要把下载的类文件 wechat.class.php 放到 wechat/third_party/wechat 目录下，并在 libraries 目录中新建 wechat.php 文件，通过继承 wechat 类来改写部分方法，比如构造函数以及跟缓存相关的方法。如代码清单 5-1 所示。

代码清单 5-1

```php
<?php
defined('BASEPATH') OR exit('No direct script access allowed');
require_once(dirname(__FILE__) . '/../third_party/wechat/wechat.class.php');
class Wechat extends WechatApi {
    protected $_CI;
    public function __construct() {
        $this->_CI =& get_instance();
        $this->_CI->config->load('wechat');
        $options = $this->_CI->config->item('wechat');
        $this->_CI->load->driver('cache', array('adapter' => 'redis'));
        parent::__construct($options);
    }

    /**
     * 重载设置缓存
     * @param string $cachename
     * @param mixed $value
     * @param int $expired
     * @return boolean
     */
    protected function setCache($cachename, $value, $expired) {
        if($this->_CI){
            return $this->_CI->cache->save($cachename, $value, $expired);
        }
        return false;
    }

    /**
     * 重载获取缓存
     * @param string $cachename
     * @return mixed
```

61

```
     */
    protected function getCache($cachename) {
        if($this->_CI){
            return $this->_CI->cache->get($cachename);
        }
        return false;
    }


    /**
     * 重载清除缓存
     * @param string $cachename
     * @return boolean
     */
    protected function removeCache($cachename) {
        if($this->_CI){
            return $this->_CI->cache->delete($cachename);
        }
        return false;
    }
}
```

在构造函数中加载了跟微信相关的配置文件（包含 AppId、Token 等信息）、初始化缓存，并重写了缓存操作的三个函数。与微信相关的配置文件，存放在各个环境下的目录下，例如，正式环境 production 的微信公众号配置文件存放在 wechat/config/production/wechat.php 中，代码如下所示：

```
$config['wechat'] = array(
    'token' => 'your_token',
    'appid' => 'your_appid',
    'appsecret' => 'your_appsecret',
    'debug' => false,
    'encodingaeskey' => '');
```

在需要使用公众号接口时，只需要加载这个库文件，再调用相应方法即可，如下所示：

```
$this->load->library('wechat');
$this->wechat->getOauthAccessToken();
```

5.4 小结

本章首先介绍了 CodeIgniter 这个 PHP 框架的基本原理和工程结构，接着基于这个框架，进行简单的改造，使其更适用于实际的项目开发。然后介绍了公众号开发的相关代码配置。接下来的一章，我们将介绍微信网页开发的相关内容。

微信网页开发

网页是公众号承载服务和信息的主要载体之一，结合现在流行的 HTML5 和 CSS3 技术，可以在公众号承载的网页中创造出更多体验更佳的服务。在微信浏览器环境中的网页，可以通过 WeixinJSBridge 等技术，结合微信 JS-SDK 提供原生 API 的访问能力，同时也可以直接使用微信分享、扫一扫、卡券和微信支付等微信特有的功能，为微信用户提供更加优质的网页体验服务。

本章主要介绍和微信网页开发相关的技术性问题，包括微信网页授权和微信 JS-SDK 的使用，分析微信公众号网页开发现存的问题，并给出参考性解决方案和思路。

6.1 微信网页授权原理

用户在微信客户端访问第三方网页时，公众号可以通过微信提供的网页授权机制来获取用户的基本信息，例如 OpenID、昵称、头像和性别等信息，进而实现业务逻辑。其中的 OpenID 信息特别有用，它可以让开发者识别同一个微信用户，实现基于微信号的账户体系，也可以和现有的账户体系打通，进而实现微信公众号用户与现有站点用户的账户互通。微信提供的网页授权功能，为开发者提供更多优质服务创造了可能。

微信网页授权基于 OAuth2.0 鉴权体系，经过用户主动的同意授权之后，就可以拿到微信用户的基本信息。业界主流的开放平台，都是采用 OAuth2.0 鉴权机制来授权第三方开发者获取用户的基本信息。

6.1.1 网页授权注意事项

在做微信网页授权之前，需要先了解几个关于授权的概念。

➢ 网页授权作用域scope：微信网页授权的作用域分为snsapi_base和snsapi_userinfo两种。

当 scope=snsapi_base 时，无须用户主动授权，即可获取到用户的 OpenID。用户对整个授权过程无感知，因为是后台静默授权的，用户的感知就是直接进入了业务页面。

当 scope=snsapi_userinfo 时，需要用户主动授权，这种授权模式需要用户主动授权（点击授权按钮），因为它获取了用户的基本信息。需要特别注意的是，采取这种授权作用域，无须用户关注公众号也可以完成，因为授权是经过用户主动同意的。另外，假如用户是在公众号会话或菜单中进入的网页，也是静默授权，用户无感知。

➢ 网页授权回调域名的设置：网页授权获取到授权code之后，会跳转至redirect_uri地址，出于安全方面的考虑，微信要求该回调地址必须在公众号后台配置，并要求该域名是经过ICP备案的，填写的域名或路径需要与实际回调URL中的域名或路径相同，假如不一致，在进行网页授权时将会报错"redirect_uri参数错误"。进入公众号后台，依次进入"公众号设置→功能设置→网页授权域名"，如图6-1所示。下面给出一个设置实例：

回调地址:http://wx.hello1010.com/wechat/auth
合法的授权回调页面域名:wx.hello1010.com

需要特别注意的是，只允许开发者设置一个网页授权回调域名。因此，对于同一个公众号下的多个域名需要使用网页授权的应用场景，将无法直接实现。但是可以通过一些巧妙的方法来绕开这个限制，稍后的章节有详细介绍。

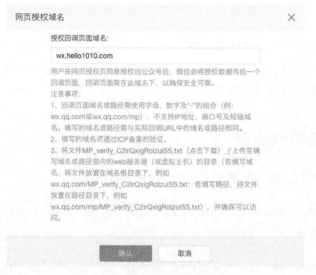

图6-1　设置微信网页授权回调域名

6.1.2　网页授权流程

下面就微信网页授权过程中涉及的多个角色，以及它们之间的交互关系作简要分析。
授权原理如图 6-2 所示。

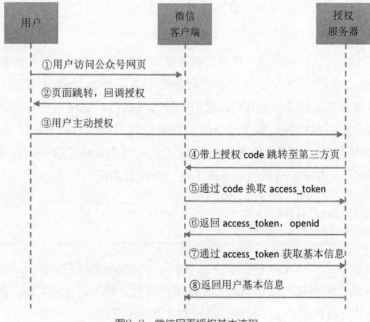

图6-2　微信网页授权基本流程

① 用户访问公众号网页：用户在微信客户端环境访问公众号网页。

② 网页跳转，回调授权：公众号网页后台发起网页回调，跳转至微信 OAuth2.0 授权服务器，地址：https://open.weixin.qq.com/connect/oauth2/authorize。在该地址中带上公众号 AppId，回调页面地址 redirect_uri，授权作用域 scope 以及自定义信息 state。需要注意的是，这里的 redirect_uri，是获取到 code 之后需要跳转到的页面，通常是发起授权的页面，即当前页面。该地址需要编码，否则无法正确完成授权。

③ 用户主动授权：当第②步中的授权作用域 scope=snsapi_base 时，不会有该步骤的主动授权，可以直接跳过。当 scope=snsapi_userinfo 时，会执行此步骤。需要用户主动点击授权，才能获取用户基本信息。

④ 带上授权 code 跳转至第三方页面：用户主动授权之后，微信授权服务器认为这是一个有效的授权，生成授权 code，然后跳转至第②步设置的 redirect_uri 中，并会在跳转链接中附带上授权 code。同时，也会把用户设置的 state 参数原样返回。

⑤、⑥ 通过 code 换取 access_token 和 OpenID：公众号网页后台获取到授权 code 之后，用它换取网页授权 access_token 和 OpenID，以及用来刷新 access_token 的 refresh_token，以及 access_token 的过期时间。当第②步中设置的授权作用域为 snsapi_base 时，授权到此为止，此时已经获取到用户的 OpenID 信息，即完成了用户的身份鉴别。需要特别注意的是，授权 code 只能使用一次。

⑦、⑧ 通过 access_token 换取用户基本信息：当第②步中设置的 scope 为 snsapi_userinfo 时，才能使用 access_token 换取用户基本信息。

6.2 微信网页授权实例

了解了微信网页授权基本原理之后，接下来我们将实现一个简单版本的网页授权类库。主要设计思想是，在 MY_Controller 中提供 check_login 方法，检查用户是否已经授权登录过，假如没有授权，则跳转到授权页面进行授权。整个授权流程参见上个小节的授权流程介绍。授权完成后，把授权后获取到的用户基本信息（OpenID、昵称、头像等）保存到用户会话 session 中，页面跳转到来源页面。这样设计的好处是，可以在任何一个页面调用 check_login 方法。

下面介绍主要的几个文件的代码实现，完整的示例可以参考本书的完整工程代码。

core/MY_Controller.php 文件主要检查是否已授权，授权参数组装以及页面跳转逻辑等相关代码，如代码清单6-1所示。

代码清单6-1

```
/**
 * 检查是否已经授权登录
 */
function check_login()
{
    $social_info = $this->session->userdata(KEY_SOCIAL_USER_INFO);
    if (empty($social_info)){
        //自动授权，这里会进行多次页面跳转
        $this->auth_redirect();
    }
}


/**
 * 跳转到统一登录页面进行登录
 * @param array $wx_params
 */
public function auth_redirect($wx_params = array()){
    $social_info = $this->session->userdata(KEY_SOCIAL_USER_INFO);
    if(empty($social_info)){
        $wx_params['__callback'] = $this->request_url();
        $redirect_url = $this->config->item('root_path') . 'auth?' . http_build_
query($wx_params);
        log_message('debug', '##redirect to auth, url:' . $redirect_url);
        header("Location: $redirect_url");
        exit;
    }
}


/**
 * 获取当前页面url
 * @return string
 */
function request_url()
{
    $protocol = (!empty($_SERVER['HTTPS']) && $_SERVER['HTTPS'] !== 'off' || $_
```

```
SERVER['SERVER_PORT'] == 443) ? "https://" : "http://";
        return "$protocol$_SERVER[HTTP_HOST]$_SERVER[REQUEST_URI]";
    }
```

主要方法是 auth_redirect，首先通过检查用户 session 中是否有授权信息，假如没有，则跳转至授权页面 http://wx.hello1010.com/auth 进行授权，并带上 __callback 参数，该参数就是当前页面的地址。实现授权完成之后，再回到当前页面。其他可处理参数也可以通过 $wx_params 数组来传递。

跳转到 http://wx.hello1010.com/auth 页面，对应到 index 方法，在这里主要处理微信网页授权。controllers/Auth.php 的内容主要如代码清单 6-2 所示。

代码清单 6-2

```
/**
 * 授权获取用户基本信息，这里可以接入多种授权方式，例如微信，手机 QQ...
 */
public function index(){
    log_message('debug', '[auth] request_url:' . $this->request_url());
    $query_arr = array();
    $query_str = $_SERVER['QUERY_STRING'];
    if(!empty($query_str)){
        parse_str($_SERVER['QUERY_STRING'], $query_arr);
    }
    if(!$this->session->userdata('__return_url')){
        // 设置回调地址
        $callback_url = $this->config->item('app_path');
        if(isset($query_arr['__callback'])){
            $callback_url = $query_arr['__callback'];
        }
        $this->session->set_userdata('__return_url', $callback_url);
    }

    $this->load->library('auth/wechatauth', $query_arr);
    $this->wechatauth->auth();
    // 跳回原来的页面
    $return_url = $this->session->userdata('__return_url');
    $this->session->unset_userdata('__return_url');
    if($return_url){
        $this->session->unset_userdata('__return_url');
        $redirect_url = $return_url;
```

```
            log_message('debug', '[auth], return to : ' . $redirect_url);
        }else{
            $redirect_url = $this->config->item('app_path');
            log_message('debug', 'no return url, return to : ' . $redirect_url);
        }
        header("Location: $redirect_url");
    }
```

主要方法是 index，处理页面的跳转关系。这里会把上个页面传递过来的 __callback 参数保存到 session 中。在微信授权完成之后，再从会话中取出该值并做重定向。这样做的原因是为了兼容其他平台的授权接入，比如手机 QQ 的授权流程。授权完成之后，与微信授权不同，它是直接跳转到一个后台设置的地址，而非通过 redirect_uri 参数传递过去的地址，此时将无法获取到来源页面的地址。因此，在这里笔者用了一个比较笨的方法，就是把来源页面地址保存到 session 会话中，等授权完成之后，再从会话中取出，做跳转。跳转之前再把该值清除，这样可以减小服务器会话大小。

到目前为止，还没有进入到真正的授权代码中。整个授权的核心代码，是在 libraries/auth/Wechatauth.php 中。内容如代码清单 6-3 所示。

代码清单 6-3

```php
<?php
/**
 * create at 16/09/29
 * @author hellojammy (http://hello1010.com/about)
 * @version 1.0
 * 微信网页授权 授权成功后，session 中的 KEY_SOCIAL_USER_INFO 存放授权得到的信息，
如 openid 等信息
 */

require_once 'Authbase.php';
class WechatAuth extends Authbase{
    private $config = array
    (
        'auth_scope' => 'snsapi_userinfo', // 授权作用域，默认为获取 snsapi_userinfo
        'state'      => '', // 回调附加参数
        'get_auth_code_only'  => false, // 是否只是获取授权 code
    );

    function __construct($custom_config = array())
```

```
        {
                parent::__construct();
                $this->config = array_merge($this->config, $custom_config);
                // 设置参数
                $wx_params = array(
                    'token' => $this->CI->config->item('app_token'),
                    'appid' => $this->CI->config->item('app_id'),
                    'appsecret' => $this->CI->config->item('app_secret'),
                );
                // 实例化 wechat 对象
                $this->CI->load->library('wechat', $wx_params);
        }

        /**
         * 微信 OAuth2.0 授权过程
         */
        function auth(){
                log_message('debug', '[wechat_auth] from_url:' . $this->request_url());
                // 是否已授权
                $auth_data = $this->CI->session->userdata(KEY_SOCIAL_USER_INFO);
                if(!empty($auth_data) && !$this->config['get_auth_code_only']){
                        return;
                }

                if(!isset($_GET['code'])){
                        $url = $this->CI->wechat->getOauthRedirect($this->request_
url(), $this->config['state'], $this->config['auth_scope']);
                        redirect($url);
                        exit;
                }else if(!$this->config['get_auth_code_only']){
                        $base_data = $this->CI->wechat->getOauthAccessToken();
                        if('snsapi_base' === $this->config['auth_scope']){
                                $auth_data = array(
                                'authorize_time' => time(), // 授权时间
                                'social_id' => $base_data['openid'],
                                'access_token' => $base_data['access_token'],
                                'refresh_token' => $base_data['refresh_token'],
                                'bind_type' => SOCIAL_BINDER_TYPE_WECHAT,
                                'expired' => !empty($base_data['expires_in']) ? $base_
data['expires_in'] + time() : 0,
                                );
                        }else if('snsapi_userinfo' === $this->config['auth_scope']){
```

71

```
                              $rich_data = $this->CI->wechat->getOauthUserinfo($base_
data['access_token'], $base_data['openid']);
                    if(!empty($rich_data)){
                        $auth_data = array(
                            'authorize_time' => time(), // 授权时间
                            'social_id' => $base_data['openid'],
                            'union_id' => isset($rich_data['unionid']) ? $rich_
data['unionid'] : '', // 绑定了微信开发平台才会有该值
                            'access_token' => $base_data['access_token'],
                            'refresh_token' => $base_data['refresh_token'],
                            'bind_type' => SOCIAL_BINDER_TYPE_WECHAT,
                            'expired' => !empty($base_data['expires_in']) ?
$base_data['expires_in'] + time() : 0,
                            'nickname' => $rich_data['nickname'],
                            'province' => $rich_data['province'],
                            'city' => $rich_data['city'],
                            'country' => $rich_data['country'],
                            'year' => isset($rich_data['year']) ? $rich_
data['year'] : 0,
                            'avatar_url' => stripslashes($rich_data['headimgurl']),
                            'gender' => $rich_data['sex']
                        );
                    }else{
                        show_error(' 微信授权失败 ', 401, ' 出错了 :( . code:0x688');
                        log_message('error', 'wechat_auth_fail:401');
                        return;
                    }
                }else{
                    show_error(' 微信授权失败类型不存在 ', 402, ' 出错了 :( . code:0x689.
type:' . $this->config['auth_type']);
                    log_message('error', 'wechat_auth_scope_not_exists:402');
                    return;
                }

                if(isset($auth_data)){
                    $this->CI->session->set_userdata(KEY_SOCIAL_USER_INFO, $auth_data);
                    log_message('DEBUG', 'auth data: ' . json_encode($auth_data));
                }
            }
        }

        /**
```

```
 * 获取当前页面地址
 */
private function request_url(){
        $protocol = (!empty($_SERVER['HTTPS']) && $_SERVER['HTTPS'] !==
'off' || $_SERVER['SERVER_PORT'] == 443) ? "https://" : "http://";
        return $protocol . $_SERVER['HTTP_HOST'] . $_SERVER['REQUEST_URI'];
    }
}
```

wechatauth.php 的核心实现是 auth 方法。其遵循 OAuth2.0 标准授权流程。if(!isset($_GET['code'])) 里面的代码逻辑，是跳转到授权服务器，对应到授权流程图中的第③和第④步；接下来的 else 逻辑，则对应到第⑤至第⑧个步骤，获取到用户信息后，对信息进行加工处理，方便后续的使用。例如把 OpenID 放到了 social_id 中，代表社交平台的用户 id，另外，对授权方式 bind_type 进行了设置。

需要注意的是，config 配置中的 get_auth_code_only 参数，代表此次授权是否只需获取授权 code，默认为 false。在接下来讲解到的微信多域名授权中，将会设置为 true，代表只需要获取授权 code，无需进一步获取用户基本信息。

至此，完整的微信网页授权就完成了，用户基本信息保存在 key 为 _key_social_user_info 的 session 中。为了方便测试，笔者在 controllers/Home/index 中调用了 check_login 方法，并打印出授权完成之后的页面地址，在微信端打开 http://wx.hello1010.com/?a=hellojammy&b= helloworld，页面进行数次跳转，授权完成之后的页面结果输出如图 6-3 所示，通过 var_dump 的方式打印出的授权信息如图 6-4 所示。

图6-3　授权完成后回到源页面

73

图6-4 授权成功之后打印出信息

注意

笔者提供的微信网页授权，有一个小缺陷，它对发起授权请求的页面地址有一个小要求：URL 中不能有 code 参数。因为它会跟授权 code 重名。假如 URL 中带了 code 参数，将会导致授权失败。建议读者在编写自己的授权逻辑代码时也要注意这个问题。

6.3 微信网页多域名授权

微信后台只能绑定一个授权回调页面域名，这意味着对于同一个公众号，授权成功后，只能回调到同一个域名下。对于公众号开发者而言这个限制可能会带来不小的麻烦。比如，公众号的网页授权域名已经绑定到 a.hello1010.com 域名，现在由于业务发展的需要，新增一个项目并使用新域名 b.hello1010.com，但是这个新项目需要在原有的公众号基础之上做开发。那么问题来了，b.hello1010.com 域名下的所有页面将无法使用微信网页授权，均会提示"redirect_uri 参数错误"。

笔者在实际的开发过程中也会遇到上述问题，微信的官方文档并未针对这类问题给出解决方案。下面我们分析微信网页授权流程，并给出一个可行的解决方案，来满足多个域名下的微信网页授权。

6.3.1 原理分析

在微信公众号后台设置授权回调页面域名的下方，有一段文字说明：用户在网页授权页同意授权给公众号后，微信会将授权数据传给一个回调页面，回调页面需在此域名下，以确保安全可靠。这段文字说明的关键是，回调页面需要在此域名下，而不是授权发起页面需要在此域名下。

我们再回过头来看微信网页授权的流程（参考 6.1.2 小节），授权流程的关键是，需要到微信授权服务器换取授权 code，换取成功后，再回调到某个域名，这个域名就是我们后台设置的域名。接下来的授权步骤，比如使用 code 换取 access_token，使用 access_token 获取用户基本信息，都不涉及页面跳转，只是后台的 API 调用，因此，这些步骤不会对域名有所限制。

有了上述的分析，我们得出一个结论：微信网页授权的授权回调页面域名，只是对换取授权 code 的域名有限制，并不会对使用授权 code 的域名做限制。因此，我们的解决方案思路是：所有需要经过微信网页授权的网页，都通过某个中间页面来换取授权 code，换取成功之后，再回到来源页面，来源页面使用授权 code 换取 access_token 和用户基本信息。整个授权流程如图 6-5 所示。

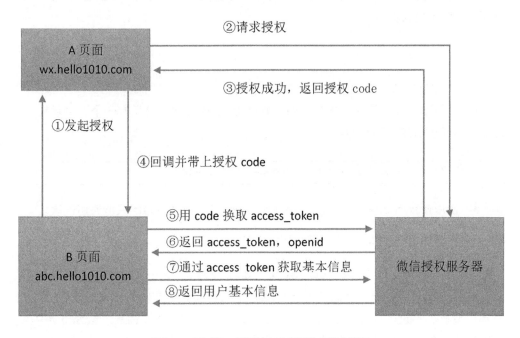

图6-5　通过统一授权域名实现微信多域名授权

假设在微信公众号后台设置的网页授权域名为 wx.hello1010.com，现在有一个域名 abc.hello1010.com 想发起网页授权获取用户基本信息，完整的授权流程描述如下。

① 进入 B 页面（地址为 http://abc.hello1010.com?a=abc），检测到未授权，进入 A 页面发起网页授权，并带上 __callback 参数。这里有一个网页跳转：B 页面→ A 页面，跳转地址为：

```
http://wx.hello1010.com?__callback=http://abc.hello1010.com?a=abc
```

② 进入 A 页面，组装参数，进入微信授权页面。这里有一个网页跳转：A 页面→微信授权地址，跳转地址为（省略了非关键部分地址）：

```
https://open.weixin.qq.com/connect/oauth2/authorize?redirect_
uri=%20http://wx.hello1010.com?__callback=http://abc.hello1010.
com?a=abc&appid=APPID%20&response_type=code&scope=snsapi_
userinfo&state=STATE#wechat_redirect
```

③ 授权成功，把授权 code 附加到回调地址。这里有一个网页跳转：微信服务器→ A 页面，跳转地址为：

```
http://wx.hello1010.com?__callback=http://abc.hello1010.
com?a=abc&code=CODE&state=
```

④ 从同一授权页面，跳转至来源页面，并带上 code 参数。这里有一个网页跳转：A 页面→ B 页面，跳转地址为：

```
http://abc.hello1010.com?a=abc&code=CODE&state=
```

⑤、⑥ 使用授权 code 换取 access_token 和 openid，授权 code 只能使用一次。

⑦、⑧ 使用 access_token 请求用户基本信息。

经过上述几个步骤，B 页面获取到了授权 code，并通过 code 换取到了用户的基本信息。这里的 B 页面，可以换成任何一个域名下的页面。这样便实现了多域名下的微信网页授权。不过需要注意的是，整个授权过程，有四次网页跳转，会从一定程度上带来不佳的用户体验，不过由于跳转速度比较快，用户的感知并不明显。再次说明一下，由于微信 OAuth2.0 授权回调时，会使用 code 参数，因此，请求授权的地址中，不能带有 code 参数，否则会被授权 code 覆盖。读者可以根据需要改造代码进行兼容。

6.3.2 代码实现

"talk is cheap, show me the code," 看了这么多的文字描述，相信大家已经跃跃欲试了，下面给出完整的代码和解析。

在原有网页授权代码基础之上，新增了几个方法主要涉及修改的文件是 core/MY_Controller.php 和 controllers/Auth.php 两个。

core/MY_Controller.php 中新增了一个 check_login_multiple 方法，用来做多域名授权跳转，对应到授权流程的第①步，以及获取到授权 code 之后，获取用户基本信息的过程，对应到授权流程的第⑤、⑥、⑦和⑧步。这个方法需要放到新项目的代码中。其中的 \$redirect_url 变量是统一授权地址，是图 6-5 中的 A 页面地址。如代码清单 6-4 所示。

代码清单 6-4

```
/**
 * 微信多域名授权
 */
function check_login_multiple(){
    $social_info = $this->session->userdata(KEY_SOCIAL_USER_INFO);
    if(empty($_GET['code']) && empty($social_info)){
        $wx_params['__callback'] = $this->request_url();
        $redirect_url = $this->config->item('root_path') . 'auth/wechat_
auth_multiple?' . http_build_query($wx_params);
        log_message('debug', '##redirect to auth, url:' . $redirect_url);
        header("Location: $redirect_url");
    }else if(empty($social_info)){
        $this->load->library('auth/wechatauth');
        $this->wechatauth->auth();
    }
}
```

controllers/Auth.php 新增了 wechat_auth_multiple 方法，主要完成获取授权 code，并负责最后跳转到来源页面，对应到授权流程中的第②、③和④步。如代码清单 6-5 所示。

代码清单 6-5

```
/**
 *微信多域名授权
 */
public function wechat_auth_multiple(){
    log_message('debug', '[auth_multiple] request_url:' . $this->request_url());
    $query_arr = array();
    $query_str = $_SERVER['QUERY_STRING'];
    if(!empty($query_str)){
            parse_str($_SERVER['QUERY_STRING'], $query_arr);
    }

    // 进行微信授权，只获取授权 code
    $query_arr['get_auth_code_only'] = true;
    $this->load->library('auth/wechatauth', $query_arr);
    $this->wechatauth->auth();

    $redirect_query = array();
    parse_str($_SERVER['QUERY_STRING'], $redirect_query);
    $base_redirect_url = $redirect_query['__callback'];
    unset($redirect_query['__callback']);

    $finalRedirectUrl = $base_redirect_url;
    // 组装回调链接：原链接 + 授权 code 等参数
    if(count($redirect_query) > 0){
        $finalRedirectUrl .= ((strpos($base_redirect_url, '?') === false ?
'?' : '&') . http_build_query($redirect_query));
        log_message('debug', '[auth_multiple] return to origin url : ' .
$finalRedirectUrl);
    }
    header("Location: $finalRedirectUrl");
}
```

细心的读者可能已经发现，笔者把多域名授权的代码写在同一个工程里了，这样看起来是无法验证是否能实现多域名授权的。事实上，笔者的这份代码已经在实际项目的线上环境中使用，所以不用担心其可用性。笔者把代码放在一起只是因为现在只有一个工程。假如读者想要使用这份代码，按照下面的指引，就可以把代码集成到新项目中。

① 复制 check_login_multiple 方法的实现到新项目中的 MY_Controller 中，让所有

页面的 controller 均可访问。

② 复制 controllers/Auth.php 文件到新项目的 controllers 文件，保留 wechat_auth_multiple 方法，index 方法可以删除。

③ 复制 libraries/auth/Wechatauth.php 文件到新项目的 libiaries 目录中，让其他代码可以加载到微信授权类库，假如目录有所变化，则要修改 Auth.php 文件中的加载 wechatauth 的代码。

至此，多域名授权相关的代码已经集成到新项目中。现在只要在控制器中调用 check_login_multiple 方法就可以成功授权，并拿到用户基本信息。

6.4　微信JS-SDK

微信 JS-SDK 是微信公众平台面向网页开发者而提供的，基于微信环境的网页开发工具包。通过使用微信 JS-SDK，开发者可以借助微信高效地使用移动设备的拍照、选图和录音等系统原生功能，同时也可以使用微信的分析、扫一扫和微信支付等微信特有的功能。微信 JS-SDK 为微信用户提供了更优质、体验更好的网页体验。

6.4.1　接入准备

在使用微信 JS-SDK 之前，需要做一些准备工作，主要包括以下五个步骤。

① 绑定域名：与微信支付和网页授权类似，使用 JS-SDK 的域名也需要在微信公众平台后台进行绑定，以确保使用该接口的域名是安全可靠的。依次进入"公众号设置→功能设置→ JS 接口安全域名"，可以填写三个安全域名。域名的设置规则请参照公众平台后台的说明。

② 页面引入 JS 文件：微信 JS-SDK 库是以 JavaScript 脚本的形式提供的，因此，在使用之前需要在页面中引入 JavaScript 文件。建议在页面底部（</body> 标签之前）引入该文件；或者通过 AMD/CMD 的标准加载方法引入。JS 文件地址如下：

```
http://res.wx.qq.com/open/js/jweixin-1.0.0.js
```

③ 注入权限验证配置及签名：在使用 JS-SDK 之前，需要通过 wx.config 方法配置

接口权限，验证签名。该配置方法与当前 URL 地址相关，地址变化后需要重新配置。因此，对于 SPA（Single Page Web Application，单页面 Web 应用），在每次修改 URL 时都需要重新执行 wx.config 方法。配置方法如下：

```
wx.config({
    // 开启调试模式，调用的所有api的返回值会在客户端alert出来，若要查看传入的参数，
可以在pc端打开，参数信息会通过log打出，仅在pc端时才会打印。
    debug: true,
    appId: '', //公众号的唯一标识
    timestamp: , //生成签名的时间戳
    nonceStr: '', //生成签名的随机串
    signature: '',//签名
    jsApiList: [] // 需要使用的JS接口列表
});
```

其中 jsApiList 是需要使用的 JS 接口方法列表，比如分享到朋友圈 onMenuShareTimeline、分享到微信消息 onMenuShareAppMessage。完整的 JS 接口方法列表参考微信公众号开发文档。

④ 方法调用：经过上述三个步骤后，就可以开始使用 JS-SDK 提供的方法了，不过需要等到 wx.config 方法执行完毕并验证成功后，才能执行具体的方法。也就是说，wx.config 是微信客户端的一个异步操作，成功后会回调 wx.ready 方法。因此，对于 JS-SDK 方法的调用，需要区分两种情况：页面加载时需要马上执行的方法，放到 wx.ready 中；用户触发时才执行的方法，可以不用放到 wx.ready 中。

```
wx.ready(function(){
    //分享到朋友圈
    wx.onMenuShareTimeline({
        title: '', // 分享标题
        link: '', // 分享链接
        imgUrl: '', // 分享图标
        success: function () {
            // 用户确认分享后执行的回调函数
        },
        cancel: function () {
            // 用户取消分享后执行的回调函数
        }
    });
});
```

需要说明的一点是，接口配置时假如发生错误，可以通过 wx.error 方法来捕获错误信息，便于调试。

```
wx.error(function(res){
    console.error(res.errMsg);
});
```

另外，第③步中生成签名 signature 时需要用到 jsapi_ticket，而获取 jsapi_ticket 时也要用到 access_token，由于获取 access_token 和 jsapi_ticket 是有每日接口调用量上限的，因此，必须把获取到的 jsapi_ticket 缓存起来。笔者使用了 redis 做缓存。

6.4.2　JS-SDK接口实例

经过上述几个步骤的配置，就可以进行 JS-SDK 接口的开发了。完整的 JS 列表可以参考公众号开发文档。比较常用的功能，比如公众号内的微信支付、分享文章到朋友圈或者手机 QQ，调用微信"扫一扫"、拍照以及从手机相册中选图，这些功能都是通过 JS-SDK 来实现的。下面我们以预览图片接口 wx.previewImage 为例，来实践 JS-SDK 的使用。

微信 JS-SDK 的预览图片接口，主要是实现调用微信原生的图片预览组件，通过左右滑动来切换图片播放，提供良好的用户体验。事实上，假如要我们自己来实现这样一个图片查看器，也并不难，但是微信提供的这个接口更具代表性，体验更好。通过公众号推送的文章中的图片查看，也是调用这个图片预览接口 wx.previewImage 来实现的。我们在做微信中的文章阅读时，假如文章中有图片，也可以通过该接口来实现图片的滑动查看和放大等操作。

下面给出一个示例，通过在微信中打开一篇文章，文章中含有若干图片，调用 JS-SDK 中的 wx.previewImage 接口实现图片查看，并调用分享接口实现文章分享到朋友圈、消息会话和手机 QQ。

该示例的代码主要在两个文件中：controllers/Home.php 和 views/home/post.php。完整代码请参考完整的工程源码。

controllers/Home.php 的代码，如代码清单 6-6 所示。主要实现输出使用 JS-SDK 时需要用到的签名，以及分享参数。签名的生成方法 get_sign_package 和获取当前访问地址的方法 request_url 都定义在 MY_Controller 基类中。

代码清单 6-6

```php
/**
 * 查看文章．文章中的图片通过调用 wx.previewImage 接口来实现
 */
public function post(){
    $data['head_title'] = ' 文章阅读 ';
    // 签名相关参数
    $data['sign'] = $this->get_sign_package();
    $data['share'] = json_encode(
        array
        (   'shareTitle' => 'hellojammy 的技术博客 ',
            'shareDesc' => ' 这是一个使用 JS-SDK 的示例文章 ',
            'shareLink' => $this->request_url(),

        )
    );
    $this->render('post', $data);
}
```

View 层（视图层）的代码在 views/home/post.php 中，其主要实现如代码清单 6-7
所示，主要完成 wx.config 的配置注入以及具体的业务方法实现。

代码清单 6-7

```html
<script type="text/javascript">
    /**
     * 是否为微信客户端
     * @returns {boolean}
     */
    function isInWeixinApp() {
        return /MicroMessenger/.test(navigator.userAgent);
    }
    var sign = '<?php echo $sign ;?>';
    var share = '<?php echo isset($share) ? $share : '';?>';
    if(isInWeixinApp() && window.sign != 'undefined'){
        var signPackage = JSON.parse(window.sign);
        window.PREVIEWIMAGEARRAY = [];

        // 配置文件注入
        wx.config({
            debug: false,
```

```
            appId: signPackage.appId,
            timestamp: signPackage.timestamp,
            nonceStr: signPackage.nonceStr,
            signature: signPackage.signature,
            jsApiList: ['onMenuShareAppMessage','onMenuShareTimeline','
onMenuShareQQ','previewImage']
        });

    // 在异步回调中实现业务代码
    wx.ready(function() {
        try{
            var shareInfo = JSON.parse(window.share);
        }catch(e){
            console.log(e.message);
        }
        // 图片大图预览
        $('#content img').on('click' ,function(event) {
            var curImageSrc = $(this).attr('src');
            if (curImageSrc) {
                if(window.PREVIEWIMAGEARRAY.length == 0){
                    $('#content img').each(function(index, el) {
                        var itemSrc = $(this).attr('src');
                        window.PREVIEWIMAGEARRAY.push(itemSrc);
                    });
                }
                wx.previewImage({
                    current: curImageSrc,
                    urls: window.PREVIEWIMAGEARRAY
                });
            }
        });

    // 微信消息分享
    wx.onMenuShareAppMessage({
        title: shareInfo.shareTitle,
        desc: shareInfo.shareDesc,
        link: shareInfo.shareLink,
        imgUrl: 'http://7xq01x.com1.z0.glb.clouddn.com/admin-bg-3.jpg',
        type: 'link',
        dataUrl: '',
        success: function () {
        },
```

```
                    cancel: function () {
                    }
                });

                // 分享到朋友圈
                wx.onMenuShareTimeline({
                    title: shareInfo.shareTitle,
                    link: shareInfo.shareLink,
                    imgUrl: 'http://7xq01x.com1.z0.glb.clouddn.com/admin-bg-3.jpg',
                    success: function () {
                    },
                    cancel: function () {
                    }
                });

                // 分享到手机 QQ
                wx.onMenuShareQQ({
                    title: shareInfo.shareTitle,
                    desc: shareInfo.shareDesc,
                    link: shareInfo.shareLink,
                    imgUrl: 'http://7xq01x.com1.z0.glb.clouddn.com/admin-bg-3.jpg',
                    success: function () {
                    },
                    cancel: function () {
                    }
                });

                // 打印错误日志
                wx.error(function(res) {
                    console.error(res.errMsg);
                    alert(res.errMsg)
                });

        });
    }
</script>
```

需要特别注意的是，页面中图片的 src 地址必须是一个完整的路径（例如 http://
wx.hello1010.com/resource/image/abc.jpeg），不能是相对路径（例如 ../images/
abc.jpeg），否则在图片预览时无法正确显示。

如图 6-6 所示，在文章中显示若干张图片，随意点击一张，即可进入图片查看，双击可放大图片查看。图 6-7 是把文章分享到微信消息会话的效果，其中的标题、描述和链接都是自定义的。

图6-6　文章阅读，点击查看大图

图6-7　文章分享到消息会话

▶6.5　小结

本章首先介绍了微信网页开发中的网页授权原理及流程，然后实现了一个简单版本的网页授权类库，并为微信网页授权的多域名问题提供了一个参考解决方案。最后讲解了微信 JS-SDK 的配置和注意事项，并结合实例对图片预览这个 JS-SDK 方法进行详细讲解。微信网页授权是微信公众号开发的基础内容，几乎每个接入了开发者模式的公众号都会涉及。

第 07 章

微信支付

本章主要介绍微信支付开发的相关内容，包括微信支付的接入方式分析、微信支付申请、微信支付接入实例、第三方支付集成平台，以及微信支付的常见问题等。

支付几乎是所有商业模式中实现闭环的必经环节，因此微信支付是微信生态中尤为重要的一个组成部分，也是近年来许多创业者愿意选择把产品第一版本的实现使用微信公众号的原因。

7.1 微信支付接入方式

服务号的微信支付，按照接入的方式，笔者把它们归纳为三大类：微信支付服务商、聚合支付和自主开发。下面对这三类接入方式从适用场景、模式介绍和优劣势三个个维度进行分析对比，读者可根据自身需求进行匹配选择。

1. 微信支付服务商

适用商家：没有技术开发能力的商家，例如餐馆、小卖部等。

介绍：微信支付服务商，指由微信支付审核且签约合作的，具有优秀的技术开发能力的第三方开发者。服务商可为所拓展的特约商户完成支付申请、技术接入、活动营销等全生态服务。

注意事项：借助这种方式接入微信支付时需要注意，微信支付收款的钱到了哪里。一种是收款直接到了商户的微信支付账户，再按照微信的结算周期进行提现。另一种是收款先到微信支付服务商，进行二次清算，然后再由商户登录服务商后台进行提现，相当于是钱到了服务商账户，再到商户账户。这种方式的接入，用户在微信支付过程中输入密码的弹出框中，显示的是服务提供商的名字，而并非商家名字。

优势：拥有对账等高级接口，可以享有微信支付接入、交易、营销等全生态服务；提供 O2O 解决方案，提供线下收款 POS 机，甚至还提供线上线下分销解决方案；有些微信支付服务商还提供会员体系的解决方案。

劣势：微信支付环节不受商家控制和定制。

举例：掌贝、乐刷、拉卡拉。

2. 聚合支付

适用商家：具有一定技术开发能力，并且需要对接的支付渠道较多（微信支付、支付宝支付、银联支付、京东支付，等等）的商家。

介绍：一站式支付解决方案，把多个支付渠道的支付接入打包成一个解决方案，开发者只需要进行少量的代码开发，便可以接入支付。这类聚合支付提供商，会在构建支付凭据、调起支付控件以及异步通知等处做封装处理，商户不需要关心各渠道支付的参数、请求地址、加密方式和流程的区别，大大简化商户的接入成本。商户可以自行申请各支付渠道的资质，也可以由服务商代申请（通常是收费服务），申请通过之后，在服务商后台填入相应的支付参数。

注意事项：其本质上跟微信支付服务商做的事情是一样的，因此，需要关注资金的流向。通常，这类聚合支付服务提供商不会介入资金流。

优势：支持多渠道的支付接入，开发者无需开发多套支付接入代码；该模式的接入，不会影响自主开发微信支付；集中进行跨渠道的交易管理、查账对账、数据分析、报表输出等；提供良好的支付体验。

劣势：支付强依赖于第三方服务，增加系统的外部依赖因素。因此，稳定性和安全性是选择支付集成提供商的重要考量。

举例：BeeCloud、Ping++。

3. 自主开发

适用商家：具有自主研发能力，对支付场景和支付体验要求高的商家。

介绍：根据微信支付开发文档，由商家自主开发微信支付的整套流程。

优势：灵活度较高，资金可控。

劣势：接入周期较长。

由上述分析可知，选择微信支付服务商和第三方支付集成提供商，不会涉及或只涉及较少的代码开发，接入这两种微信支付模式比较容易。下面的内容会对微信支付的自主开发进行详细介绍，并对一些支付场景和体验给出解决方案。

▶7.2　微信支付准备工作

接入微信支付的公众号，必须满足以下两个条件。

➢ 认证的服务号：订阅号无法开通微信支付功能，通过微信认证的服务号才可以。

➢ 微信支付认证：在认证服务号的基础上，还需要再申请微信支付认证。进入公众号后台，在左侧菜单中会有相应的申请入口。申请步骤有三步：资料审核、账户验证和协议签署。所有这些步骤都通过之后，可以拿到微信支付商户号和登录密码。通知邮件中附带了一个简单的操作指引。

微信支付认证通过后，就可以进行开发了。由前面的章节介绍可知，常用的微信支付方式主要有：公众号支付、刷卡支付、扫码支付和 H5 支付。这几类支付的开发比较类似，笔者以最常用的公众号支付为例进行讲解。

开发之前，还需要做一些简单的设置。

① 设置支付授权目录：所有使用公众号支付方式（JSAPI）发起的支付请求的链接地址，都必须在支付授权目录之下，最多可设置 3 个，并且必须在同一域名下。域名必须经过 ICP 备案，支持 HTTP 和 HTTPS；须细化到二级或三级目录，以左斜杠"/"结尾；必须上传授权文件至支付域名的根目录。另外，可以设置测试支付授权目录，方便开发者在开发期间测试微信支付。有关支付授权目录设置的要求，参见公众号微信支付后台，依次进入"微信支付→开发配置→公众号支付"进行设置。下面给出几个合法和非法的支付目录设置示例：

发起支付的链接：http://wx.hello1010.com/wechat/pay/?order_id=8805

合法的支付授权目录：http://wx.hello1010.com/wechat/pay/

非法的支付授权目录：http://wx.hello1010.com/wechat/（未精确到二级目录）

非法的支付授权目录：http://wx.hello1010.com/wechat/pay（没有以左斜杠结尾）

② 设置支付 API 密钥：登录商户平台，首次进入后需要安装操作证书，然后依次进入"账户中心→ API 安全→ API 密钥"，第一次进入时会需要设置一个密钥，建议设置成长度为 32 的字符串。需要注意的是，API 密钥属于敏感信息，需要妥善保管，不要泄露，如果怀疑密钥泄露，需要重新设置 API 密钥。API 密钥的作用是，在 API 调用时按照指定规则对请求参数进行签名，确保调用者的合法身份。

经过上述两个步骤的设置准备工作，就可以进行开发了。

7.3 微信支付实践

微信支付主要有四种支付方式（公众号支付、刷卡支付、扫码支付和 H5 支付，App支付不常见，这里不讨论），本章节主要是讲解最常见的公众号支付方式。公众号支付，指的是用户在微信环境内进入商家 H5 页面，页面内调用 JS-SDK 完成支付。从用户发起支付，输入支付密码，支付成功，到商家后台收到异步回调，微信支付的整个交互细节可以总结为以下三步。

① 用户在微信环境内打开商户商品页面，发起支付，在网页端，通过 WeixinJSBridge调用 getBrandWCPayRequest 接口发起微信支付请求，用户输入支付密码或指纹验证。

② 用户支付成功后，商户的前端页面会收到 getBrandWCPayRequest 的返回值err_msg，根据返回值的含义跳转到不同的页面，err_msg 的值及含义如下。

➢ 支付成功：get_brand_wcpay_request：ok
➢ 用户取消支付：get_brand_wcpay_request：cancel
➢ 支付失败：get_brand_wcpay_request：fail

③ 商户后台收到来自微信服务器的支付成功异步回调，设置该笔交易订单状态。支

付失败或支付取消不会收到回调。

需要特别说明的是，微信支付成功的标志，一定要以第③步中的后台异步回调为准，收到异步回调并通过验证后才能把订单状态设置为已支付。第②步中的页面支付状态，只能作为跳转到不同页面的参数判断。

微信官方提供了公众号支付 API 对于的 SDK 和调用示例，有不用语言的版本（JAVA、.NET C# 和 PHP），下载地址为：https://pay.weixin.qq.com/wiki/doc/api/index.html

读者可以根据业务需求和支付场景，选择不同的支付方式，进入相应页面下载相应的源代码。微信也提供了一个微信支付的体验地址，读者可以在微信端打开页面体验：http://paysdk.weixin.qq.com/

7.3.1　示例代码解析

笔者下载的是 PHP 版本的 SDK，下载后解压，目录结构和文件介绍如下所示。

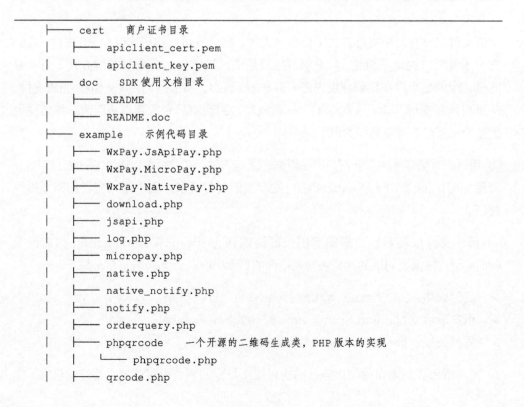

```
├── cert     商户证书目录
│   ├── apiclient_cert.pem
│   └── apiclient_key.pem
├── doc     SDK 使用文档目录
│   ├── README
│   └── README.doc
├── example    示例代码目录
│   ├── WxPay.JsApiPay.php
│   ├── WxPay.MicroPay.php
│   ├── WxPay.NativePay.php
│   ├── download.php
│   ├── jsapi.php
│   ├── log.php
│   ├── micropay.php
│   ├── native.php
│   ├── native_notify.php
│   ├── notify.php
│   ├── orderquery.php
│   ├── phpqrcode     一个开源的二维码生成类，PHP 版本的实现
│   │   └── phpqrcode.php
│   ├── qrcode.php
```

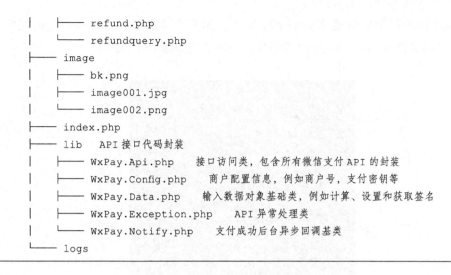

```
│   ├── refund.php
│   └── refundquery.php
├── image
│   ├── bk.png
│   ├── image001.jpg
│   └── image002.png
├── index.php
├── lib     API 接口代码封装
│   ├── WxPay.Api.php      接口访问类，包含所有微信支付 API 的封装
│   ├── WxPay.Config.php     商户配置信息，例如商户号，支付密钥等
│   ├── WxPay.Data.php     输入数据对象基础类，例如计算、设置和获取签名
│   ├── WxPay.Exception.php     API 异常处理类
│   └── WxPay.Notify.php     支付成功后台异步回调基类
└── logs
```

其中，cert 目录的证书文件，可以登录商户管理后台，依次进入"账户中心→ API 安全→ API 证书"即可下载。证书文件，主要是用来界定接口请求者的身份信息，也包括界定所调用服务及域名的真实性，保证了调用方和被调用方的身份信息和安全。部分安全性要求较高的 API（例如退款、撤销订单）需要使用该证书，以免被盗用而造成资金损失。需要特别注意的是，证书的有效期是两年，到期后需要更改证书并下载。

7.3.2 支付示例

把下载的 SDK 目录以及文件全部复制至项目工程中，这类 SDK 属于第三方平台库，在 third_party 目录中新建 wxpay 目录，并复制微信支付 SDK 至 wxpay 目录。

打开 lib 目录的 WxPay.config.php 文件，填写 APPID、MCHID、KEY 和 APPSECRET 四个参数，这些参数的含义如下。

➤ APPID：绑定微信支付的公众号 AppId。
➤ MCHID：商户号，可在开户邮件中查看。
➤ KEY：商户支付密钥，在商户管理后台设置。
➤ APPSECRET：绑定微信支付的公众号 secert。

在 example 文件夹中，jsapi.php 是公众号支付的示例，该源码中没有做代码分层处理，不符合我们项目工程的 MVC 架构，因此需要对代码进行分解。

在 controllers 目录中新建 Wxpay.php 文件，用来实现微信支付的相关代码逻辑，对应的视图文件在 view/wxpay/ 目录中，目录结构如图 7-1 所示。

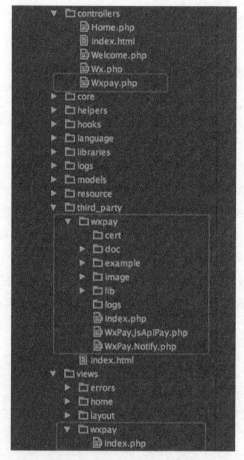

图7-1　微信支付相关目录结构

Wxpay.php 文件的实现如代码清单 7-1 所示。

代码清单 7-1

```php
<?php
    /**
     * 微信支付示例代码
     */
class Wxpay extends MY_Controller{
    /**
```

```
 * 微信支付
 */
public function pay(){
    $data['head_title'] = '微信支付';
    $this->check_wechat_login();
    $social_info = $this->session->userdata(KEY_SOCIAL_USER_INFO);
    // 加载微信支付两个核心文件
    require_once APPPATH . 'third_party/wxpay/lib/WxPay.Api.php';
    require_once APPPATH . 'third_party/wxpay/WxPay.JsApiPay.php';
    $tools = new JsApiPay();
    $openId = $social_info['social_id'];
    $input = new WxPayUnifiedOrder();
    $input->SetBody("测试商品");
    $input->SetAttach("hello_attach_data");
    $input->SetOut_trade_no(WxPayConfig::MCHID.date("YmdHis"));
    $input->SetTotal_fee("1");
    $input->SetTime_start(date("YmdHis"));
    $input->SetTime_expire(date("YmdHis", time() + 600));
    $input->SetGoods_tag("test");
    $input->SetNotify_url($this->config->item('app_path') . 'wxpay/
notify');
    $input->SetTrade_type("JSAPI");
    $input->SetOpenid($openId);
    $order = WxPayApi::unifiedOrder($input);
    $jsApiParameters = $tools->GetJsApiParameters($order);

    $data['jsApiParameters'] = $jsApiParameters;
    $this->render('index', $data);
}

/**
 * 微信支付结果通知
 * 回调地址：wxpay/notify
 */
public function notify(){
    require_once APPPATH . 'third_party/wxpay/WxPay.Notify.php';
    $notify = new PayNotifyCallBack();
    $notify->Handle(false);
}

/**
 * 生成订单号，同一个订单，生成的微信支付订单号相同
```

```
 * @param $order_id 订单号
 * @return string
 */
private function build_order_id($order_id){
    return date("Ymd", time()) . $order_id;
}
```
}

代码清单 7-1 中定义了两个函数，分别是微信支付实现函数 pay、微信支付后台异步回调函数 notify。

pay 函数中的代码逻辑跟微信支付 SDK 中的 example/jsapi.php 代码基本保持一致，主要实现了微信支付 API 中的统一下单流程，在 WxPayApi::unifiedOrder 方法中实现，并在微信支付服务后台生成预支付交易单。这是除被扫支付场景外，所有微信支付场景（扫码、JSAPI、App 等）都需要执行的步骤。需要注意的有两点。

➤ 通过require_once方式引入WxPay.Api.php和WxPay.JsApiPay.php这两个文件时使用了绝对路径。

➤ 与example/jsapi.php中获取OpenID的方式不同，我们这里是通过调用统一登录方法来提前获取用户OpenID的，然后在session中获取。

notify 方法封装了微信支付结果通知逻辑，该方法会在下个小节讲解。

> **注意**
>
> 关于微信支付中的商户订单号（对应到 out_trade_no 字段）生成，需要特别说明一下。微信支付要求商户订单号保持唯一性，重新发起一笔支付时需要使用原订单号，以避免重复支付。另外，已支付或已撤销的订单号不能重复发起支付。笔者的做法是，在生成系统订单的同时，生成商户订单号，并根据当前系统时间加随机序列的方式来保证唯一性。不要在用户发起微信支付时才生成 out_trade_no 的值，那样会带来问题，比如用户对同一笔订单多次发起支付，则每次生成的商户订单号都不一样，在用户成功支付后，再点击微信左上角的"返回"，会回到上一个页面，即微信支付页面。假如该页面是直接拉起微信支付的，则会误导用户再支付一次。假如我们采取预先生成商户订单号的方式，那么就算再次拉起支付，由于商户订单号相同，微信支付会提示订单号重复的错误，用户无法再次支付。当然，刚讨论的重复支付问题也有其他解决方案，例如让用户主动点击按钮再发起微信支付。

Wxpay.php 中的 pay 方法加载的视图文件在 view/layout/wxpay/index.php 中，它主要实现在前端页面通过 JSAPI 发起微信支付，如代码清单 7-2 所示。需要注意的是，由于 JSAPI 依赖于 WeixinJSBridge 内置对象，涉及微信 WebView 与 App 层的交互，因此需要等待该对象准备就绪才能调用相关方法。另外，WeixinJSBridge 内置对象在非微信浏览器环境中无效。JSAPI 发起的微信支付只能在微信浏览器环境生效。

代码清单 7-2

```
<script type="text/javascript">
    /**
     * 绑定微信支付事件
     */
    $('#pay').bind('click', function () {
        callWechatPay();
    });

    /**
     * 调用微信 JS api 支付
     */
    function wechatJsApiCall()
    {
        WeixinJSBridge.invoke(
            'getBrandWCPayRequest',
            <?php echo isset($jsApiParameters) ? $jsApiParameters : "''"; ?>,
            function(res){
                if(res.err_msg == "get_brand_wcpay_request:ok"){
                    // 微信支付成功
                    alert(' 微信支付成功 ');
                }else if(res.err_msg == "get_brand_wcpay_request:cancel"){
                    // 用户取消支付
                    alert(' 用户取消支付 ');
                }else if(res.err_msg == "get_brand_wcpay_request:fail"){
                    // 微信支付失败
                    alert(' 微信支付失败 ');
                }
            }
        );
    }

    /**
     * 微信支付
     */
    function callWechatPay()
```

```
    {
        if (typeof WeixinJSBridge == "undefined"){
          if( document.addEventListener ){
                document.addEventListener('WeixinJSBridgeReady', wechatJsApiCall,
false);
          }else if (document.attachEvent){
                document.attachEvent('WeixinJSBridgeReady', wechatJsApiCall);
                document.attachEvent('onWeixinJSBridgeReady', wechatJsApiCall);
          }
        }else{
            wechatJsApiCall();
        }
    }
    </script>
```

7.3.3　支付结果通知

微信支付的结果通过以下两种方式通知。

➢ 前端页面JSAPI回调：支付JSAPI中的getBrandWCPayRequest方法接收两个参数，即支付参数（公众号AppId、微信签名等）和支付回调函数。支付回调函数接收一个res参数，代表支付结果，分为支付成功、支付过程中用户取消和支付失败这三种情况。我们可以根据这三种情况分别做不同的页面跳转逻辑。示例代码中只是做了简单的alert弹窗提示。由于前端交互复杂，微信官方文档中对支付过程中用户取消和支付失败的这两种情况，建议不必细化处理，可以统一处理为用户遇到错误或主动放弃。需要特别说明的一点是，通过前端支付回调函数的结果值判断支付是否成功，并不绝对可靠。也就是说，前端的支付状态，不能作为设置订单支付状态的依据，只能作为页面跳转的依据。

➢ 后台异步支付结果通知：刚刚提到，前端的支付状态并不能作为设置订单状态的最终依据，那么应该以什么为准呢，答案就是微信支付的异步结果通知。微信支付完成后，微信会把相关支付结果和用户信息发送给商户，该回调地址在统一下单时通过SetNotify_url设置，在示例代码中，回调地址是wxpay/notify。主要的代码逻辑在third_party/wxpay/WxPay.Notify.php文件的NotifyProcess方法中，在这里做签名校验、订单状态设置以及消息通知等，如代码清单7-3所示。

代码清单 7-3

```
// 重写回调处理函数
public function NotifyProcess($data, &$msg)
{
        log_message('debug', "wechat pay notify: " . json_encode($data));
        if(!array_key_exists("transaction_id", $data)){
                $msg = " 输入参数不正确 ";
                return false;
        }
        // 查询订单, 判断订单真实性
        if(!$this->Queryorder($data["transaction_id"])){
                $msg = " 订单查询失败 ";
                return false;
        }

        // ①检查是否已经通知过
        //TODO ......

        // ②设置订单状态
        //TODO ......

        // ③发送消息通知
        //TODO ......

        // ④其他代码逻辑
        //TODO ......
        return true;
}
```

下面给出一个笔者服务器收到的微信支付回调通知数据（appId 参数已被替换，隐藏了真实的 appId）：

```
DEBUG - 2016-09-20 01:23:02 --> wechat pay notify: {"appid":"xxxxxx","attach":
"hello_attach_data","bank_type":"CFT","cash_fee":"1","fee_type":"CNY","is_
subscribe":"Y","mch_id":"1295040401","nonce_str":"43x2c9zfifysbdys4nt
squrs2sj38hws","openid":"oNgYlt-L_P-4d6QsawLFhTSIBz7Q","out_trade_
no":"20160920012227","result_code":"SUCCESS","return_code":"SUCCESS","sign":
"B7C9E0B6841D2160B8D1A53F5BB4E176","time_end":"20160926012301","total_
fee":"1","trade_type":"JSAPI","transaction_id":"4007442001201609260837192495"}
```

通过以上的分析可知，上述两种支付结果通知方式，我们要明白它们的通知意图，再做出相应的处理。

关于第二种通知方式，有一个细节需要明确一下：同样的支付结果通知，商户服务器可能会收到多次。也就是说我们的代码逻辑需要能处理重复通知的情况，以避免重复的通知带来的问题。例如消息的重复发送，这将会带来不好的用户体验。笔者的做法是收到支付通知时，则判断是否已经通知过，假如已通知过，则直接返回true。状态的初始化，是在发起支付时，在 Redis 缓存中设置订单的支付通知状态为未通知。

关于微信支付的结果通知，笔者在调试过程中发现，按照微信支付文档写完代码逻辑之后，并正常完成支付，并不能正常收到支付结果的异步通知，经过日志调试，发现在 third_party/wxpay/lib/WxPay.Api.php 文件中的 notify 方法中（第 414行），通过 $GLOBALS['HTTP_RAW_POST_DATA'] 方式获取的 xml 数据为空，如下所示：

```
// 获取通知的数据
$xml = $GLOBALS['HTTP_RAW_POST_DATA'];
```

在网上搜索相关问题后，在 php.net 中发现这么一段说明：

```
always_populate_raw_post_data boolean
    Always populate the $HTTP_RAW_POST_DATA containing the raw POST data.
Otherwise, the variable is populated only with unrecognized MIME type of the
data. However, the preferred method for accessing the raw POST data is php://
input. $HTTP_RAW_POST_DATA is not available with enctype="multipart/form-data".
```

文档链接地址：http://php.net/manual/zh/ini.core.php#ini.always-populate-raw-post-data。

以上说明提示我们需要设置 php.ini 中某个参数值，或者是使用 php://input 的方式获取数据，因此解决方案有两个。

➤ 设置php.ini文件，并重启Web服务器（Apache或Nginx）。

```
always_populate_raw_post_data = true
```

➤ 修改php中获取数据的方式。

```
// 获取通知的数据
$xml = file_get_contents("php://input");
```

笔者采用了第二种方式修改方案，修改代码之后，就能正确收到支付结果通知了。最后需要强调的一点是，由于微信支付的回调通知不会带任何 cookies 信息，因此，不能在回调通知函数（包括类的构造函数）中做任何身份验证的代码逻辑，例如获取 session 会话。

下面是微信支付示例的运行效果，如图 7-2、图 7-3 和图 7-4 所示。

图7-2 微信支付商品展示页

图7-3 微信支付输入密码

图7-4 微信支付成功

7.4 聚合支付

由前面的介绍可知，聚合支付是为满足不同用户需求，集成市面上主流支付渠道，统一提供给开发者的支付产品。聚合支付支持多种终端，如 PC 端、移动端、POS 机等。接入聚合支付平台的最大好处是可以节省开发成本，实现收款、结算和数据统计的全面聚合。聚合支付打造的是一个支付 SDK+SaaS 管理平台。

目前国内主流的聚合支付平台包括 BeeCloud、Ping++，接入的主要步骤如下所示。

① 开通支付渠道：聚合支付只是作为一个第三方支付平台而存在，并不作为商户的支付主体。因此，支付渠道的开通和签约需要商户自行完成，比如申请公众号、开通微信支付、申请支付宝企业账号、支付宝商户签约等。

② 设置支付渠道参数：接入聚合支付平台后，构建支付对象和相关支付参数的是聚合支付平台服务器，而非商户服务器，因此需要在聚合支付平台设置各支付渠道的参数，也包括支付结果通知的异步回调 Webhooks。

③ 集成支付 SDK：聚合支付平台已经把支付接入时的主要流程作了统一封装处理，例如构建支付凭据、调起支付控件以及异步通知等。因此，开发者只需要集成平台方的 SDK 到现有代码即可，通常包括客户端 SDK 和服务端 SDK 的集成。

下面以微信网页支付为例，对聚合支付平台、商户服务器、支付平台以及用户在其中扮演的角色及交互流程做简单说明，如图 7-5 所示。

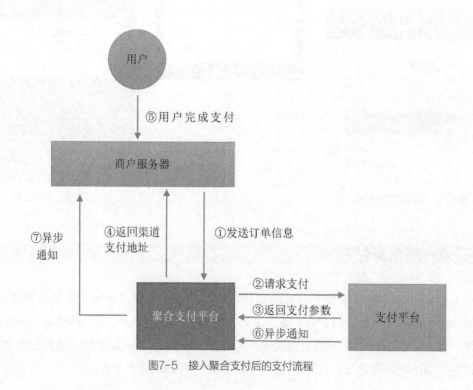

图7-5　接入聚合支付后的支付流程

下面对这些步骤进行简单的说明。

① 发送订单信息：用户在网页端选择支付方式，发起支付，商户服务器向聚合支付平台发送订单信息（例如商品金额、商品名称），这是下单的过程。在未接入聚合支付平台之前，下单是直接向支付平台发起的。

② 请求支付：把商户服务器的下单信息转发到支付平台（微信、支付宝、银联等），完成统一下单，生成预付单。

③ 返回支付参数：在支付平台预生成订单，并返回相关支付参数。

④ 返回渠道支付地址：返回各个渠道的支付地址，这里做了统一的封装，例如微信支付的 JSAPI 支付。

⑤ 用户完成支付：用户支付完成后，商户页面根据支付结果进行页面跳转或信息展示。注意，不要使用客户端的成功结果更新订单的最终状态。

⑥ 异步通知：由于发起支付时设置的异步通知地址是聚合支付平台的地址，因此支付平台会把支付结果通知到聚合支付平台。

⑦ 异步通知：商户服务器收到聚合支付平台的支付结果异步通知。

聚合支付接入示例

笔者以 BeeCloud 为示例，简单介绍一下聚合支付的一般接入的流程。BeeCloud 已经全面集成主流支付渠道，如微信支付、支付宝、银联和 PayPal 等，也已支持全支付场景，如手机支付、PC 支付、线下扫码支付、企业打款。BeeCloud 官网地址为：https://beecloud.cn。

BeeCloud 提供了一种称为"秒支付 Button"的功能，它基于 BeeCloud SDK，在此基础上开发出的一个轻量级版本。它只要几行代码就可以使用，并且内嵌了一套风格简约的支付页面和完成页面，适用于 PC 端和移动端。

在使用之前，需要在 BeeCloud 注册账号并完成企业认证，在后台创建应用，配置各支付渠道的参数，最后激活"秒支付 Button"功能。下面以 BeeCloud 在微信环境下的支付为示例做简单介绍。

由于"秒支付 Button"是一个通用的支付体验，因此暂时无法定制 UI，无法设置进阶的参数。如果需要实现更为定制化的支付体验，需要借助于 BeeCloud SDK。

① 在后台设置的应用设置中开通微信支付，如图 7-6 所示。让微信支付在已开通渠道列表中，可以调整顺序。

图7-6　设置秒支付Button相关参数

② 构造 BeeCloud 支付参数，如代码清单 7-4 所示。

代码清单 7-4

```
$social_info = $this->session->userdata(KEY_SOCIAL_USER_INFO);
$data['openid'] = (!empty($social_info) && isset($social_info['social_
id'])) ? $social_info['social_id'] : '';
//beecloud info
$data['app_id'] = $this->config->item('beecloud')['app_id'];
$data['app_secret'] = $this->config->item('beecloud')['app_secret'];
$data['bee_sign'] = md5($data['app_id'] . $data['title'] . $data['amount'] .
$data['out_trade_no'] . $data['app_secret']);
$data['bee_debug'] = false;
//for optional
$data['t'] = $t;
$data['order_id'] = $order_id;
$data['user_id'] = $this->session->userdata(KEY_USER_INFO)['id'];
```

③ 前端页面引入 JavaScript，编写发起支付代码，用户到支付页面会自动拉起支付。

代码中的 YOURAPPID 需要换成读者自己申请的 AppId，如代码清单 7-5 所示。

代码清单 7-5

```php
$data = array(
    'app_id' => $app_id,
    'title' => $title,
    'amount' => $amount,
    'out_trade_no' => $out_trade_no,
    'openid' => $openid,
    'debug' => $bee_debug,
    'optional' => array('t' => $t, 'order_id' => $order_id ,'user_id' =>
$user_id),
    'instant_channel' => 'wx'
);
$data['sign'] = $bee_sign;
?>

<!--2. 添加控制台 ->APP-> 设置 -> 秒支付 button 项获得的 script 标签 -->
<script id='spay-script' src='https://jspay.beecloud.cn/1/pay/jsbutton/
returnscripts?appId=YOURAPPID'></script>
<script type="text/javascript">
    $(document).ready(function(){
        bcPay();
    });
    function bcPay() {
        BC.click(<?php echo json_encode($data) ; ?>, {
            wxJsapiFinish : function(res) {
                //jsapi 接口调用完成后
                if(res.err_msg == "get_brand_wcpay_request:ok"){
                    alert(" 微信支付成功 ");

                }else if(res.err_msg == "get_brand_wcpay_request:cancel"){
                    alert(" 微信支付取消 ");
                }else if(res.err_msg == "get_brand_wcpay_request:fail"){
                    alert(" 微信支付失败 :(");
                }
            },
            wxJsapiFail : function(res){
                //alert(' 微信支付失败！请稍后再试 ');
            },
            dataError: function(res){},
```

```
                    wxJsapiSuccess: function(res){}
                });


    }
    // 这里不直接调用 BC.click 的原因是防止用户点击过快，BC 的 JS 还没加载完成就点击
了支付按钮
    // 实际使用过程中，如果用户不可能在页面加载过程中立刻点击支付按钮，就没有必要利用
asyncPay 的方式，而是可以直接调用 BC.click
    function asyncPay() {
        if (typeof BC == "undefined") {
            if (document.addEventListener) { // 大部分浏览器
                document.addEventListener('beecloud:onready', bcPay, false);
            } else if (document.attachEvent) { // 兼容 IE 11 之前的版本
                document.attachEvent('beecloud:onready', bcPay);
            }
        } else {
            bcPay();
        }
    }
    </script>
```

运行效果如图 7-7 所示。

图7-7 BeeCloud "秒支付Button" 运行效果

▶7.5 小结

本章介绍了微信生态中的一个重要组成部分——微信支付。首先对现有微信支付存在的方式进行归类总结,并为商家和开发者的微信支付选择提供了参考性意见。然后基于微信官方的微信支付代码,实现了一个微信支付案例,读者把代码稍做改造即可应用到实际项目中。最后对聚合支付进行了介绍和原理分析,并给出了一个示例。

微信登录

用户在使用软件服务之前，通常都需要输入用户名和密码才能登录系统，这样系统才能识别到用户的身份。同样，用户在微信公众号中使用需要身份识别的服务时，例如查看个人信息、查看订单，这些操作都需要事先登录。那么，在微信的浏览器环境中，在保证账户安全的前提下，能否做到免去用户输入用户名和密码就可以自动识别用户身份，并且自动登录呢？答案是可以的。

利用微信公众号提供的网页授权功能，可以获取到用户的 OpenID，这是用户在公众号内的唯一标识。这个功能，为开发者建立基于微信公众号的账户体系提供了技术可行性。开发者可以把 OpenID 看作是用户的身份标识，更重要的是，在微信内置浏览器环境下，用户不用主动输入用户名密码就能被系统自动识别，而且，用户的身份无法伪造，这也保证了用户账户的安全性。

本章介绍微信开放平台的微信登录、微信支付和微信分享功能，并着重对微信开放平台的 UnionID 机制进行分析。然后基于微信 OAuth2.0 授权登录的理论知识，介绍如何让微信用户使用微信身份安全地登录到第三方应用或网站，让公众号用户与现有网站用户的账号信息互通，并基于各类场景分别给出可行的解决方案和代码实现。

8.1 微信开放平台

微信开放平台主要面对移动应用和网站应用开发者，为其提供微信登录、微信支付和微信分享等相关服务和权限。需要注意的是，微信开放平台和微信公众平台是不同的，后者主要是一个管理微信公众号的后台运营系统。

微信开放平台对于开发者的意义，主要是把现有的移动应用和网站应用接入到微信生态体系中，利用微信生态提供的登录、支付和分享等功能，为企业原有的系统带来更多的流量和更多样化的服务。

微信开放平台的注册地址是 https://open.weixin.qq.com/，注册成功后需要进行开发者资质认证，认证过后的开放平台账号才能获得微信登录等高级功能。

如图 8-1 所示，能接入微信开放平台的应用和服务主要包含四大类。

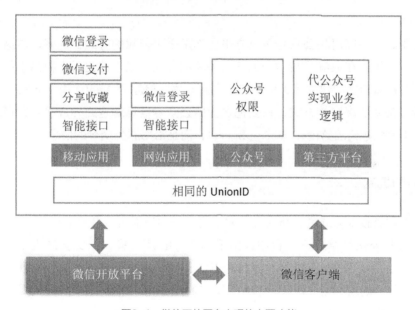

图8-1　微信开放平台实现的主要功能

➤ App移动应用：包含Android应用、iOS应用和Windows Phone应用。享有微信分享、收藏、支付、登录和智能接口（包含图新识别、语音识别、语音合成和语义理解接口）。

➤ 网站应用：PC端网站，拥有微信登录和智能接口（语义理解接口）。

➢ 公众帐号：包含微信服务号、订阅号和小程序。拥有公众号和小程序的相关权限。

➢ 公众号第三方平台：提供垂直行业解决方案。公众号通过授权给公众号第三方平台，由其代公众号调用各业务接口来实现业务。

接入微信开放平台，需要在开放平台后台进行应用创建并提交审核。如图 8-2 所示，在"管理中心"一栏中进行应用创建或绑定。除了公众号第三方平台只能创建 5 个之外，其他三类都可创建或绑定 10 个应用和账号。

图8-2　微信开放平台后台创建应用

移动应用、网站应用和公众号第三方平台都是采用创建的方式，说明之前这三类应用或平台是不存在或者是与微信无任何关联的。在这里创建之后，相当于是与微信开放平台和微信之间建立了关联，创建之后会生成相应的 AppID 和 AppSecret；而公众账号是采取绑定的方式，只要把之前的公众号信息绑定到开放平台即可，绑定之后，不会生成新的 AppID 和 AppSecret，而是沿用原公众号的信息。

UnionID机制

由上述对四类接入方式的分析可知，对于同一个用户而言，在移动应用、网站应用、公众账号和公众号第三方平台中，由于其 AppID 不一样，因此会产生 4 个不同的 OpenID。但是，它们拥有相同的 UnionID。这样可以方便开发者在接入开放平台之后，建立统一的用户账户体系。UnionID 的规则是：同一用户在同一个微信开放平台下的不同应用，UnionID 是相同的。

关于用户 UnionID 的获取，分为以下几类情况。

➢ 公众号用户的UnionID值，可以通过微信OAuth2.0网页授权或者是批量获取用户基本信息接口获取到，但是，只有在用户将公众号绑定到微信开放平台账号后，才会出现该字段。下面是通过调用之前介绍的check_login方法获取到的用户授权信息，拥有union_id字段。

```
auth data: {"authorize_time": 1475508615,"social_id":"oJ3afuBiuYESFeS-
QY2WWNqr2DA8","union_id":"o5PSqv0c9ldAWqInTHr3hcCZDCQk","access_
token":"DK9tZwj2CBXIzNSBH3X-lXp-SauCpv9orCieJNvcczBb3x5ysQrsyN1CgoDn_0WrcqF
BynmqyUk9AGE9ku9ucFi-b8XT-Z2By8Z5u0Z-Fjo","refresh_token":"s9qrFWNCpRXulyqt
mi0y4zK10VW09YU_x4FqjdWcaMsQvo_J-HkUiNt0n0S4Wv3gp_dVnk9QTlVCN8pachggmG70V0k
9pCsz3ON-oGxVv9A","bind_type":1,"expired":1475508615,"nickname":"hellojammy
","province":"Guangdong","city":"Shenzhen","country":"CN","year":0,"avatar_
url":"http:\/\/wx.qlogo.cn\/mmopen\/TJ14fXucO1o7TnSa9MZUf5gBxhhZ2tXCr7JDypc8
xwqzjIJcww7yPsG41HGxI2jshfm87AFhErLsCJCibKpDAwV0IzyljaJEO\/0","gender":1}
```

> ➤ 小程序也可以绑定到微信开放平台，属于公众账号这个类别。接入开放平台的微信小程序，与其他应用一样，拥有相同的UnionID。小程序获取OpenID和UnionID的方式与传统的网页授权不一样，稍后的章节有详细的介绍。

微信开放平台的 UnionID，对于开发者而言意义重大。它可以帮助开发者识别用户在各公众号和应用中的唯一性，统一用户账户体系。后续的章节中会介绍如何利用 UnionID 机制来实现用户信息在公众号和网站应用中的互通。

▶8.2 微信自动登录

在 PC 端的网页登录界面中，很多网站都会有一个类似于"记住我"的选项，用户勾选之后，下次再进来就会自动登录。浏览器也会提供记住用户名和密码的功能，下次用户进入登录界面时就会自动填充。上述两种做法，都是为了实现用户的自动登录功能。那么，在微信公众号中，是否能实现类似的安全自动登录功能呢，答案是肯定的。

让我们来分析一下原理。在微信浏览器环境下，通过微信 OAuth2.0 网页授权可以获取到用户的 OpenID，并且这个 OpenID 针对同一个微信用户是唯一的，假如我们能在 OpenID 和系统 user 表的 UserID 之间建立对应关系，就可以实现微信的自动登录过程。整个流程如图 8-3 所示。

经过分析我们知道，实现微信自动登录的关键是要在 OpenID 和系统 user 表的 UserID 之间建立绑定关系。

下面的讨论中，我们假设在系统的账号体系中，手机号作为用户登录的账号，并具有唯一性。

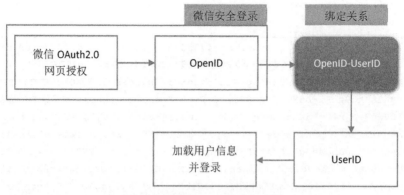

图8-3 通过OpenID自动登录流程

8.2.1 数据结构设计

现在我们来实现上述自动登录方案。首先需要设计两个数据表，一个是 user 表，用来存储用户信息，另外一个是 social_binder，用来存储 user 表的 id 和 OpenID 之间的对应关系。自动登录的流程如下。

① 用户进入某页面，该页面要求用户有登录状态，例如用户信息页面。

② 根据 OpenID 在 social_binder 表找 user_id，找到 user_id 说明已经绑定过，则跳转至第④步，否则为未绑定，跳转至第③步。

③ 输入手机号，绑定，跳转至第⑤步。

④ 根据 user_id 在 user 表找到用户信息。

⑤ 登录。

user 表用来存储用户信息，用户昵称和头像取自微信授权信息。表数据结构如表 8-1 所示。

表 8-1　　　　　　　　　　　　　user 表数据结构

字段名	含义
id	主键，自增
nick_name	用户昵称
mobile_phone	用户手机号
avatar_url	用户头像地址

续表

字段名	含义
status	用户状态，0：已删除，1：正常登录，2：已锁定
ctime	创建时间
utime	修改时间

对应的 MySQL 创建表的语句如代码清单 8-1 所示。

代码清单 8-1

```
CREATE TABLE 'user' (
    'id' int(11) NOT NULL AUTO_INCREMENT,
    'nick_name' varchar(50) NOT NULL,
    'mobile_phone' varchar(20) DEFAULT NULL,
    'avatar_url' varchar(200) DEFAULT NULL,
    'status' tinyint(4) NOT NULL DEFAULT '1',
    'ctime' datetime NOT NULL,
    'utime' datetime NOT NULL,
    PRIMARY KEY ('id')
) ENGINE=MyISAM AUTO_INCREMENT=4 DEFAULT CHARSET=utf8
```

另外一个表是 social_binder 表，用来存储 user_id 与 OpenID 之间的关系，另外，考虑到后续可能存在多种社交账号的绑定（例如手机 QQ、微博等），所以这里有一个 bind_type 字段来区分不同的账号类型。union_id 主要是用来识别用户在开放平台内账户唯一性的。表数据结构如表 8-2 所示。

表 8-2　　　　　　　　　　social_binder 表数据结构

字段名	含义
id	主键，自增
user_id	关联 user 表的主键
social_id	社交账号 id，例如微信的 OpenID
union_id	开放平台 id，例如微信开放平台
bind_type	绑定类型，1：微信
status	用户状态，0：已删除，1：正常登录，2：已锁定
ctime	创建时间
utime	修改时间

对应的 MySQL 创建表的语句如代码清单 8-2 所示。

代码清单 8-2

```
CREATE TABLE 'social_binder' (
    'id' int(11) NOT NULL AUTO_INCREMENT,
    'user_id' int(11) NOT NULL,
    'social_id' varchar(50) NOT NULL,
    'union_id' varchar(50) DEFAULT NULL,
    'bind_type' tinyint(4) NOT NULL DEFAULT '1',
    'status' tinyint(4) NOT NULL DEFAULT '1',
    'ctime' datetime NOT NULL,
    'utime' datetime NOT NULL,
    PRIMARY KEY ('id')
) ENGINE=MyISAM AUTO_INCREMENT=3 DEFAULT CHARSET=utf8
```

8.2.2 代码实现

在开始讲解代码之前，我们先明确一下用户的登录模式，笔者根据实际需要分为以下三种。

➢ 获取微信授权信息，不尝试登录，这是默认的登录模式。

➢ 获取微信授权信息，并尝试自动登录，假如自动登录失败，返回原页面，不会跳转至账号绑定页面。

➢ 获取微信授权信息，并尝试自动登录，假如自动登录失败，则跳转至账号绑定页面。

上述三种登录模式，已经定义在 config/constants.php 中。下面我们来详细看看自动登录涉及的代码逻辑。

core/MY_Controller.php 中新增了一个 try_login 方法，是微信自动登录的入口方法，在需要登录的页面，加入这个方法，并指定登录模式为 LOGIN_TYPE_REGISTED，通过 OpenID 登录失败时，会自动跳转至账号绑定页面。另外，这里调用的 auth_redirect()，是微信 OAuth2.0 授权登录的实现，在之前的章节有过介绍；_login 方法是做了真正的登录操作，设置用户的 session 会话，如代码清单 8-3 所示。

代码清单 8-3

```
/**
 * 登录
 * @param int $login_type
 */
function try_login($login_type = LOGIN_TYPE_SOCIAL_INFO_ONLY)
{
    $user_info = $this->session->userdata(KEY_USER_INFO);
    $social_info = $this->session->userdata(KEY_SOCIAL_USER_INFO);
    $need_try_login = $this->need_try_login($login_type);
    if ((empty($social_info) && empty($user_info)) || (empty($user_info) &&
$need_try_login)){
            if(empty($social_info)){
                // 自动授权，这里会进行多次页面跳转
                $this->auth_redirect();
            }else if($need_try_login){
                log_message('debug','[mobile]get social info ok:' . json_
encode($social_info));
                $this->load->service('s_social_binder');
                $user_info = $this-> s_social_binder ->get_userinfo_by_social_
id($social_info["social_id"], $social_info['bind_type']);
                log_message('debug','####[mobile]try binder_social_id login,
get_user_info:' . json_encode($user_info));
                // 设置 session，即完成登录过程，包括注册用户 / 游客身份
                if($user_info){
                    $this->_login($user_info);
                }
            }
    }


    // 登录完成之后，再看是否需要强制跳转到登录页面
    if(($login_type === LOGIN_TYPE_REGISTED) && !$this->is_register()){
            $register_url = $this->config->item('app_path') . 'user/bind';
            log_message('debug', '####[mobile]login with guest, but require
phone user login. redirect to register page:' . $register_url);
            $this->session->set_userdata(APP_REFERRER_URL, $this->request_url());
            redirect($register_url);
            exit;
    }
}
```

```
/**
 * 根据登录模式，判断是否需要尝试登录 . 可以以游客身份登录
 * @param int $login_type
 * @return bool
 */
public function need_try_login($login_type = LOGIN_TYPE_SOCIAL_INFO_ONLY){
    if(in_array($login_type, [LOGIN_TYPE_SOCIAL_INFO_ONLY, LOGIN_TYPE_
REGISTED])){
        return true;
    }
    return false;
}

/**
 * 真正的登录，会设置 session 信息
 * @param $user_info
 * @return null
 */
public function _login($user_info){
    if(empty($user_info)){
        log_message('debug', 'login fail, user info empty');
        return null;
    }
    log_message('debug', 'login_ok_' . $user_info['id'] . ',user_info:' .
json_encode($user_info));
    $this->session->set_userdata(KEY_USER_INFO, $user_info);
    return $user_info;
}
```

接下来是两个数据表对应的模型文件，models/M_social_binder.php 和 models/M_user.php。M_social_binder.php 中实现了根据 OpenID 找 user_id 的 get_by_social_id 方法，如代码清单 8-4 所示。M_user.php 中没有新增方法。两个方法都继承自 MY_Model.php，它实现了两个基本的方法：保存数据、根据 id 找数据。

代码清单 8-4

```
class M_social_binder extends MY_Model{
    private $table_name;
    function __construct(){
        $this->table_name = 'social_binder';
        parent::__construct($this->table_name, 'wx_hello1010');
```

```
    }

    /**
     * 根据 social_id 找记录
     * @param $social_id
     * @param $bind_type
     * @return mixed
     */
    function get_by_social_id($social_id, $bind_type){
        $this->db->where('social_id', $social_id);
        $this->db->where('bind_type', intval($bind_type));
        $this->db->order_by('utime','desc');
        $query = $this->db->get($this->table_name);
        log_message('DEBUG', "sql=" . $this->db->last_query());
        return $query->row_array();
    }
}
```

接下来是账号绑定页面，这里的逻辑有点多，需要完成注册以及绑定两个过程。
理论上，用户第一次使用系统时会进入这个页面，按照提示绑定账号后，后续不
会再进入该页面。另外，这个页面需要判断是否已经登录，否则页面会死循环。
需要注意的是，笔者省略了前端页面验证手机号是否合法的步骤，也没有做手机
短信验证码的校验以及手机号码唯一性校验，这里只是一个演示作用，如代码清
单 8-5 所示。

代码清单 8-5

```
/**
 * 账号绑定
 */
public function bind(){
    $data['head_title'] = ' 账户信息绑定 ';
    $this->try_login(LOGIN_TYPE_SOCIAL_INFO_ONLY);
    // 看看是否已经登录了，假如登录了，则不能到注册页面
    $user_info = $this->session->userdata(KEY_USER_INFO);
    // 已经登录
    if($user_info){
        $url = $this->request_url();
        // 假如是从绑定页面跳过来的，则回首页，不然会无限循环
        if(strpos($url, 'user/bind') !== FALSE){
```

```
                        log_message('debug', 'request url:' . $this->request_
url() . ',has logined,redirect to app_root_path');
                        redirect($this->config->item('app_path'));
                }else{
                        redirect($url);
                }
        }
        $this->try_login(LOGIN_TYPE_SOCIAL_INFO_ONLY);
        // 信息提交
        if(isset($_POST['mobile_phone'])){
                $mobile_phone = $this->input->post('mobile_phone');
                // 手机号唯一性验证，手机短信验证码验证，逻辑省略
                //.....
                $social_info = $this->session->userdata(KEY_SOCIAL_USER_INFO);
                $this->load->model('M_user');
                $user_data = array(
                    'nick_name'    => $social_info['nickname'],
                    'mobile_phone' => $mobile_phone,
                    'avatar_url'   => $social_info['avatar_url']
                );
                $ret = $this->M_user->save_entry($user_data);

                if($ret > 0){
                    $user_data['id'] = $ret;
                    // 添加绑定关系，user_id 和 social_id 这两个参数是关键
                    $bind_data = array(
                        'user_id'   => intval($ret),
                        'social_id' => $social_info['social_id'],
                        'union_id'  => $social_info['union_id'],
                        'bind_type' => $social_info['bind_type']
                    );
                    $this->load->model('M_social_binder');
                    $ret = $this->M_social_binder->save_entry($bind_data);
                    if($ret > 0){
                        $url = $this->config->item('app_path') . 'user';
                        // 登录
                        $this->_login($user_data);
                        header("Location: $url");
                        exit;
                    {else{
                        die(' 账号信息绑定失败 ');
                    }
```

```
        }else{
            die('账号信息绑定失败');
        }

    }else{
        // 正常授权登录
        $this->try_login(LOGIN_TYPE_SOCIAL_INFO_ONLY);
    }

    $this->render('bind', $data);
}
```

下面来看如何使用自动登录的方法。在 controllers/User.php 的 index 方法中，调用 try_login，并指定参数为 LOGIN_TYPE_REGISTED，只需要这一行代码。

至此，微信自动登录的主要代码已经介绍完毕，完整代码请参考工程源码。实际的效果如图 8-4 和图 8-5 所示。

图8-4　输入手机号绑定

图8-5　已绑定账号后自动登录成功

8.2.3　使用UnionID登录

上述代码示例，已经可以实现通过用户的 OpenID 自动登录，但是还没有使用到微信

117

开放平台的 UnionID。当用户在公众号中注册账户并完成绑定后，又在 PC 站点中使用微信登录，对于同一个用户，在公众号和 PC 站点中拥有不同的 OpenID，系统会认为是两个用户，因此需要用到 UnionID。这时需要改造 try_login 方法，如代码清单 8-6 所示。

代码清单 8-6

```
$this->load->service('s_social_binder');
$user_info = $this->s_social_binder->get_userinfo_by_social_id($social_
info["social_id"], $social_info['bind_type']);
if(empty($user_info) && ($social_info['bind_type'] === SOCIAL_BINDER_
TYPE_WECHAT)){
    $user_info = $this->s_social_binder->get_userinfo_by_union_id($social_
info["union_id"]);
    log_message('debug','####[mobile]try binder_union_id login, get_user_
info:' . json_encode($user_info));
    // 添加绑定关系，下次就能以 social_id 去登录了
    if(!empty($user_info)){
        $this->load->model('M_social_binder');
        $data = array(
            "user_id" => $user_info["id"],
            "phone" => $user_info["mobile_phone"],
            "social_id" => $user_info["social_id"],
            "union_id" => $user_info["union_id"],
            "bind_type" => $user_info["bind_type"]
        );
        $this->M_social_binder->save_entry($data);
    }
}
```

主要思路是，在通过 OpenID 登录失败时，再尝试使用 UnionID 登录，登录成功后，说明该用户已经在该应用中绑定，然后取绑定用户的 id 和当前 OpenID 新增一条绑定关系记录，下次就可以直接使用新的 OpenID 来进行登录了。

整体的登录流程如图 8-6 所示。

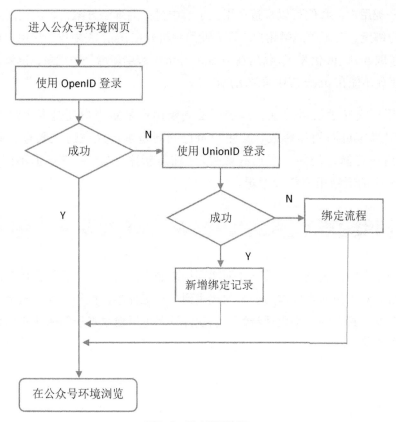

图8-6　用户登录流程

8.2.4　如何应用到现有站点

上一小节的微信自动登录方案，适用于公众号的新用户，即该用户还未使用手机号注册账户，用户在第一次进入公众号内网页时，会自动跳转至登录页（也就是账号绑定页），使用手机号绑定（自动注册一个新用户）之后，再进入页面就可以自动登录了。但是，有些企业的产品在接入公众号前，往往已经有了一批注册用户，现在要做的是把这批用户导入到公众号中，让这批用户在微信公众号内网页中能自动登录。这里的"导入"指的是通过一定的运营手段从其他产品线（如 PC 端站点、App 客户端等产品形态）引导用户关注公众号，并进入相应的页面进行浏览。下面先定义两类用户。

➢ 新用户：用户未使用手机号在产品中注册过账户。
➢ 老用户：用户已使用手机号在产品中注册过账户。

对于第一类用户，我们可以直接采用上小节中讨论的绑定方案，直接让用户输入手机号进行绑定。对于第二类用户，需要使用手机号在 user 表中找到该用户信息（主要是为了取 user_id 信息），然后在 social_binder 表中新增一条记录，即添加绑定关系，这里就不能在 user 表中再新增用户了。

由于在用户提交手机号之前，系统无法判断用户是新用户还是老用户，因此我们可以对绑定页面稍作修改，让用户自己判断是否已经注册过账号。提供两个按钮供用户选择，例如"我已有账号""注册新账号"。用户点击不同的按钮，再执行相应的新老用户绑定逻辑。

8.3　小结

本章介绍了在微信浏览器环境下如何实现用户账户的自动登录，结合代码进行了详细的分析。对于如何集成本书讲解的代码到已有工程中也做了介绍。微信自动登录是微信公众号具有的一个重要特性，它使开发者可以建立基于微信账户体系的自有系统账户体系。

第09章

微信小程序

从来没有一款产品能像微信这样深刻地改变用户的社交方式，更没有一款产品，能像小程序一样，还未发布就引起业界绝大多数企业和开发者的高度关注。2016 年的微信公开课上，张小龙首次提出了应用号的概念。时隔一年，在 2017 年的微信公开课上，张小龙预告微信小程序将于 2017 年 1 月 9 号上线。

微信公众号相比较于传统的 App 而言，开发、获取用户和传播成本都相对较低，因此，越来越多的产品都通过公众号来运营，它也是初创型企业实现 Demo 版本的首选。但是，由公众号拆分出来的服务号并没有提供更好的服务，因此，微信生态中需要一个能改变这种现状的新的形态出现。2016 年 1 月 9 日，张小龙第一次在公开场合提出了应用号的概念，应用号将肩负这种使命。应用号正式发布后更名为小程序。

9.1　小程序简介

"一种新的开放能力，可以在微信内被便捷地获取和传播，同时具有出色的使用体验。"这是微信官方对小程序的介绍。下面我们从开发者的角度来聊聊微信小程序。

➢ 小程序不是HTML5：HTML5的主要运行环境是浏览器，包括WebView，而微信小程序的运行环境并非完整的浏览器，脚本内无法使用浏览器的window对象和document对象。因此，jQuery和Zepto这类可以操作DOM的库都无法使用。小程序不兼容HTML语法，只兼容部分CSS写法，但是非常有限。小程序中新增了wxss和wxml两种新的文件类型，全称分别是WeiXin Markup Language和WeiXin Style Sheets。

➢ 现有Web站点无法经过简单改造转换成微信小程序：小程序使用的开发语言是由微信定义的，现有产品形态要接入小程序，需要重写。

➢ 开发限制：发布的包文件大小不超过2M以节省内存，一个页面并发的请求不超过5个，页面层级跳转不超过5层，只支持HTTPS协议请求。

➢ 小程序的版本发布需要通过微信审核：小程序的更新需要在小程序后台提交版本更新，由微信审核通过后才能正式发布。这种做法类似于苹果的AppStore审核。另外，小程序没有集中的入口，不做应用商店。

➢ 小程序不是"无所不能"的：小程序虽然有很多优点，但是它也并不是万能的。受限于目前小程序所拥有的接口能力，小程序不能承载所有的用户需求，因此，假如要在微信环境下开发游戏或实现文档处理等重需求，App或HTML5（结合公众号）会是更好的选择。更重要的一点是，小程序依赖于微信，需要遵守微信制定的规则，假如业务与规则冲突，小程序就不是一个很好的选择。

小程序存在的价值和意义，是要让用户触手可及，用完即走。它不希望用户花过多时间在小程序的使用上。随着微信生态的不断完善，在公众号和微信聊天等各处都有小程序的踪影。比如可以在聊天会话中分享小程序，可以在公众号菜单和模板消息中进入小程序。当然，二维码依旧是小程序的主要入口，而且在 2017 年 4 月，微信非常有创意地推出了小程序的专属圆形二维码，再次唤醒了大家在朋友圈的传播小程序二维码的热情，也缓解了大家的审美疲劳。

正如张小龙所言，我们要理解小程序，首先需要理解 PC 时代的官网。在 PC 时代，没有官网不行，因为它是用户了解你的企业的重要入口，从官网可以看出你是不是一家靠谱的企业。但是，官网并不会是你的全部。如今的小程序时代，用户在需要某类服务时，会第一时间想到在微信上搜索你的小程序也显得非常重要。

▶9.2　开发环境及框架

最新版本的微信开发者工具，已经集成了小程序的开发环境，启动之后在调试类型中选择"本地小程序项目"，添加工程，填写 AppID 和项目名称，如图 9-1 所示。假如还没有在小程序管理后台添加应用，则选择"无 AppID"，可以直接进入 Demo 工程。

图9-1　创建微信小程序工程

项目创建成功后，进入项目就可以看到完整的开发者界面了，其主体布局和公众号的调试界面类似。左侧有"编辑""调试"和"项目"三大功能区域。进入编辑模块，可以在右侧看到整个工程的代码结构，如图 9-2 所示。

图9-2　微信小程序工程目录结构

最外层的三个文件，app.js、app.json 和 app.wxss 是必不可少的。app.js 是小程序的脚本代码，负责监听并处理小程序的生命周期，声明全局变量，调用框架 API，也是小程序的入口；app.json 是小程序的配置文件，包含小程序的所有页面声明；app.wxss 是小程序的公共样式表，语法和 CSS 类似。

为了减少配置项，小程序中一个页面的所有文件都具有相同的路径和文件名。例如 user 页的目录下，将会有 user.js、user.json、user.wxml、user.wxss 四个文件，其中 user.js 和 user.wxml 是必需的文件，分别是页面逻辑和页面结构。user.wxss 和 user.json 为非必需文件，存放页面的样式表和配置信息。

> **注意**
>
> 小程序工程里的 app.json 文件中的 pages 数组记录了所有的页面配置，其中第一个值是小程序启动之后默认启动的页面。小程序中的每个页面必备 JavaScript 和 wxml 文件。建立页面时有一个小技巧，假如要新建 user 页面目录及文件：首先在 pages 目录中新建 user 目录，然后在工程根目录的 app.json 中的 pages 属性中新增 pages/user/user，保存 app.json 文件，编译器会自动在 pages/user 目录中新建 user.js、user.json、user.wxml、user.wxss 四个文件。知道了编译器的这个功能，就不用在新增页面时手动去新建小程序页面文件了。

目录中的文件修改并保存后，编译器会自动对工程进行编译，开发者可以切换到"调试"项中查看小程序的调试日志（Console）、JavaScript 源码（Sources）、网络请求（Network）、本地存储（Storage）、页面源码（Wxml）和 AppData，如图 9-3 所示。

图9-3　小程序调试

小程序在真机上预览时，也可以打开调试模式。在小程序界面，点击右上角菜单，在弹出的菜单中选择"打开调试"，重新打开小程序，就会在右下角看到"vConsole"按钮，点击之后即可打开调试界面，这里输出的调试信息和开发者工具的基本一致，如图 9-4 所示。

小程序开发基于小程序开发框架（MINA），框架的核心是一个响应的数据绑定系统，让数据与视图能保持同步。此外，框架也提供了视图层描述语言 WXML 和 WXSS，以及基于 JavaScript 的逻辑层框架，同时也在视图层和逻辑层间提供了数据传输和事件系统，开发者只需要聚焦到业务逻辑的开发中。小程序开发框架的存在使开发更加简单和高效。

图9-4 小程序真机调试

小程序开发框架除了提供基本的底层基础能力（例如页面路由），还提供了组件和丰富的 API。组件包含视图容器、表单、地图和画布等，是视图层的基本组成单元，在样式表现上，也跟微信风格高度一致。此外，框架还提供了微信原生 API，可以方便地使用微信独有的功能（"支付""扫一扫"），它的作用和微信网页开发中的 JS-SDK 类似。此外，API 接口也具备网络请求（包含 HTTP 请求和 Socket 连接）、上传下载和数据存储等基本能力。微信小程序相对于 HTML5 应用能获取更多底层权限，使小程序具备 Native App 的流畅性。

9.2.1 开发配置

微信小程序账号注册审核通过之后，就可以在后台进行相关的开发配置了，主要包括开发者身份配置、服务器域名配置等。

➢ 绑定用户：在小程序未上线的开发和体验阶段，用户假如要体验和测试小程序，需要在微信小程序后台添加用户的微信号，并配置相应的权限。主要权限包括开发者权限、体验者权限、开发管理、开发设置等。登录小程序管理后台，在用户身份模块，成员管理中进入（需要小程序管理员扫码授权），输入用户微信号，在权限设置一栏勾选相应权限，最后点击确认添加后，系统会向该用户的微信客户端推送邀请，待对方同意后即可绑定成功。

➢ 配置服务器域名：微信公众号的开发中，需要配置域名的地方主要有两处：OAuth2.0网页授权回调域名和JS-SDK接口安全域名，以验证调用方的身份。在小程序中，也需要配置服务器域名，小程序发起的wx.request请求，上传/下载文件的请求域名也需要在后台进行配置。主要包含：request合法域名、socket合法域名、uploadFile合法域名和downloadFile合法域名。使用HTTPS协议，需要特别注意的是，假如使用了第三方接口，也要配置在此处，例如腾讯地图，腾讯移动分析等域名。如图9-5所示。另外，在开发阶段可以在开发者工具中设置不对域名进行校验。

图9-5　小程序服务器信息配置

9.2.2　HTTPS配置

小程序发起的请求域名需要在后台配置，并且要求采用 HTTPS 协议，以确保数据传输的安全性。HTTPS 是以安全为目标的 HTTP 通道，它在 HTTP 下加入 SSL 层，以确保网站机密信息从用户浏览器到服务器之间的传输是以高强度加密传输。HTTPS 协议需要到 CA（Certification Authority）申请证书，免费的证书较少或者有效期短，CA 通常需要交费。

在开发阶段，可以在小程序开发者工具中设置不对请求域名进行验证。也可在开发者服务器颁发未认证证书进行调试开发。下面以 CentOS 中生成自签名证书的步骤为例进行讲解。

① 安装 SSL 模块。

```
yum install mod_ssl openssl
```

② 生成 2048 位加密私钥。

```
openssl genrsa -out ca.key 2048
```

③ 生成证书签名（CSR）。

```
openssl req -new -key ca.key -out ca.csr
```

④ 生成类型为 X509 的自签名证书，执行完命令后会生成 ca.crt、ca.csr 和 ca.key 三个文件。

```
openssl x509 -req -days 365 -in ca.csr -signkey ca.key -out ca.crt
```

⑤ 拷贝文件到指定目录。

```
cp ca.crt /data/ssl/
cp ca.csr /data/ssl/
cp ca.key /data/ssl/
```

⑥ 配置 Apache，在虚拟目录中新增证书文件。

```
<VirtualHost *:443>
    ServerAdmin hellocpp@foxmail.com
    DocumentRoot "/var/www/html/wx.hello1010.com/application/wechat"
    ServerName wx.hello1010.com
    SSLEngine on  # 启用 SSL 功能
    SSLCertificateFile /data/ssl/ca.crt  # 证书文件
    SSLCertificateKeyFile /data/ssl/ca.key  # 私钥文件
    SSLProtocol all -SSLv2 -SSLv3
```

```
    <Directory "/var/www/html/wx.hello1010.com/application/wechat">
      Options Indexes FollowSymLinks Includes ExecCGI
        AllowOverride All
        Order deny,allow
        Allow from all
    </Directory>
  </VirtualHost>
```

确保 Apache 的 httpd.conf 配置文件中 mod_ssl.so 文件已启用，最后要让虚拟目录
支持 443 端口。

```
  NameVirtualHost *:443
```

在 Nginx 下，配置方式类似。

```
server {
        listen 443;
        server_name wx.hello1010.com;
        ssl on;
        ssl_certificate ca.crt;
        ssl_certificate_key ca.key;
        ssl_session_timeout 5m;
        ssl_protocols TLSv1 TLSv1.1 TLSv1.2
        ssl_ciphers ECDHE-RSA-AES128-GCM-SHA256:HIGH:!aNULL:!MD5:!RC4:!DHE;
        ssl_prefer_server_ciphers on;
        location / {
            root   html;
            index  index.html index.htm;
        }s
    }
```

配置完成之后，重启 Apache 或 Nginx，就可以使用 https://wx.hello1010.com 了。

小程序正式上线之前，需要有经过官方机构认证的证书。可以购买或者申请免费的证
书，比较常见的证书厂商有 Symantec、GeoTrust、TrustAsia 和 Let's Encrypt 等。

笔者选择的是 TrustAsia DV SSL CA，可以在腾讯云上申请免费使用一段时间
（目前为一年免费）。申请成功后可以下载不同 Web 服务器对应的证书文件，包
括 Apache、IIS、Nginx 和 Tomcat。例 如 Apache 中 有 1_root_bundle.crt、2_
wx.hello1010.com.crt 和 3_wx.hello1010.com.key 三个文件。配置方法如下。

```
<VirtualHost *:443>
    ServerAdmin hellocpp@foxmail.com
    DocumentRoot "/var/www/html/wx.hello1010.com/application/wechat"
    ServerName wx.hello1010.com
    SSLEngine on  #启用 SSL 功能
    SSLCertificateFile /data/ssl/2_wx.hello1010.com.crt  #证书文件
    SSLCertificateKeyFile /data/ssl/3_wx.hello1010.com.key  #私钥文件
    SSLCertificateChainFile /data/ssl/1_root_bundle.crt
    SSLProtocol all -SSLv2 -SSLv3
    <Directory "/var/www/html/wx.hello1010.com/application/wechat">
      Options Indexes FollowSymLinks Includes ExecCGI
      AllowOverride All
      Order deny,allow
      Allow from all
    </Directory>
</VirtualHost>
```

需要特别注意的是，使用正式的 CA 证书时，需要在配置中加上证书链文件 1_root_bundle.crt。

9.3 如何着手开发小程序

由前面的介绍我们可知，小程序的界面是一个应用界面，而并非传统的 Web 页面，因此，小程序前端的开发语言也不同，必备的技能有以下几个。

➤ 微信标记语言WeiXin Marked Language（WXML）
➤ 微信样式表WeiXin Style Sheet（WXSS）
➤ JavaScript

WXML 与 HTML 的写法类似，WXSS 与 CSS 的写法类似，但是都需要开发者重新适应新语言。WXML 和 WXSS 是视图层描述语言，JavaScript 负责做小程序的逻辑层。了解了小程序需要的技能清单后，我们来看看小程序的出现对不同职业开发者的影响，以及如何去适应这种新鲜事物的发展。

9.3.1 iOS/Android开发者

客户端的开发语言与小程序前端开发语言并无太大关系，因此，App 开发者想要进行小程序开发，必须要学习 JavaScript 语言。另外，在进行客户端开发时也会涉及页面布局文件的开发及配置，因此，WXML 和 WXSS 对开发者来说相对比较简单。

9.3.2　前端开发者

小程序的前端开发语言与 Web 前端开发语言比较类似，对前端开发者来说，从前端开发到小程序开发几乎是零成本。前端开发者只要简单适应从传统的 HTML 语法到 WXML 的写法差异即可。不过，部分前端框架将无法在小程序中使用，例如 jQuery 和 Zepto 这类需要操作浏览器 DOM 结构的类库。不过在可预见的未来，必定会有大量基于小程序的前端开发框架出现，这样也增加了前端开发者的学习成本。随着小程序被越来越多的企业所青睐，市场对前端开发者的需求也会出现持续的增长。

9.3.3　后端开发者

小程序需要与后端通信时，就需要用到后端开发的接口，而后端开发语言不限，因此，后端开发者不需要重新学习新的语言。不过，小程序的审核机制对用户体验的要求也较高，为了能给用户提供更好的服务，也会对后端开发者的接口开发能力提出更高的要求。

9.4　页面生命周期

做过 Android 开发的读者应该知道，Android 应用程序的基本功能单元是 Activity，它是一个用户接口程序，能提供交互式的接口功能，开发者可以通过 setContentView（View）接口把 UI 放到 Activity 中，向用户呈现 UI 界面。一个 Android 应用程序可以有多个 Activity 存在，通过栈来管理，它们之间有独立的生命周期。

页面是小程序中的最小单元，它和 Android 应用程序中的 Activity 类似。每个页面有独立的生命周期，由框架底层自动管理页面栈。

使用 App() 函数注册小程序，通过 Object 参数传递生命周期函数，包括以下内容。

➤　onLaunch：Function 函数类型，小程序初始化完成时执行，全局只触发一次。

➢ onShow：Function函数类型：小程序启动或从后台进入前台显示时触发。

➢ onHide：Function函数类型：小程序从前台进入后台时触发。

➢ onError：Function函数类型：小程序发生脚本错误或API调用失败时触发。

➢ 其他：可以传递任何函数和数据到Object参数中，通过this访问。

使用 Page() 函数注册页面，同样接受一个 Object 参数来指定页面的生命周期和需要的初始化数据。页面的生命周期函数主要包括：onLoad、onReady、onShow、onHide 和 onUnload 等。

下面我们通过一小段代码来看看小程序页面的生命周期。在示例工程中的 index 页中编写如代码清单 9-1 所示的代码。

代码清单 9-1

```
//index.js
// 获取应用实例
var app = getApp()
Page({
  onLoad: function () {
    console.log('Index.onLoad:页面加载')
    var that = this
    // 调用应用实例的方法获取全局数据
    app.getUserInfo(function(userInfo){
      // 更新数据
      that.setData({
        userInfo:userInfo
      })
    })
  },
  onReady: function(){
    console.log('Index.onReady:页面初次渲染完成');
  },
  onShow: function(){
    console.log('Index.onShow:页面前台显示');
  },
  onHide: function(){
    console.log('Index.onUnload:页面后台隐藏');
  },
  onUnload: function(){
    console.log('Index.onUnload:页面卸载');
```

```
  },
  data: {
    motto: 'Hello World',
    userInfo: {}
  },
  // 事件处理函数
  bindViewTap: function() {
    wx.navigateTo({
      url: '../logs/logs'
    })
  },
})
```

在 index 页的主要生命周期函数入口打印日志, 并在程序根目录的小程序入口 app.js 中新增 onLaunch 函数和日志。启动小程序, 进入小程序的生命周期函数, 初始化执行完成后会执行 onLaunch 函数 (全局只执行一次) 并显示, 经历 "onLaunch→onShow。" 然后进入 index 页并执行 index 页的生命周期函数, 经历 "onLoad → onShow → onReady。" 点击进入日志页面, 再返回 index 页, 经历 "onHide → onShow。" 运行之后, 切换到 "调试" 中查看日志, 如图 9-6 所示。

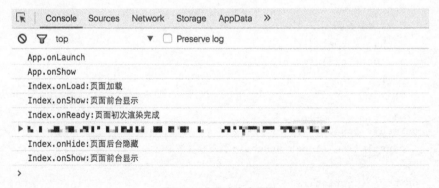

图9-6 小程序生命周期

为了帮助大家更好地理解小程序页面的生命周期, 可以参考图 9-7 所示的状态转换图来加深印象。离开小程序页面时, 实际上并没有真正销毁小程序, 而是进入了后台 (Background), 当再次进入微信或者打开小程序时, 又会从后台进入前台 (Foreground)。另外, 当系统资源紧张或者是小程序进入后台一定时间, 才会真正销毁小程序。

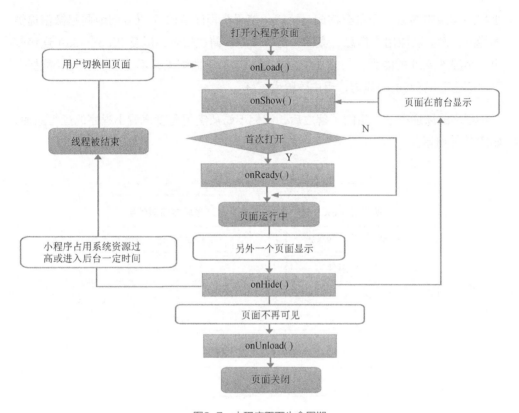

图9-7 小程序页面生命周期

9.5 小程序组件和API

小程序开发框架提供了一套基础组件，这套组件的风格样式与微信高度相似，并具有特殊的逻辑。组件属于小程序框架的视图层，使用 WXML 和 WXSS 语言描述，其基本原理是通过 WXML 和 WXSS 描述 UI，并动态创建原生的 UI，这也是小程序能提供接近原生 App 体验的原因之一。

小程序框架的组件具备响应的数据绑定机制，高度分离视图和逻辑，低耦合并且重用性高。简单地理解，就是当数据修改时，只需要在逻辑层修改数据，视图层就会做相应的更新。这种数据更新方式与 React Native 的数据更新机制类似。这个特性有别于传统的更新组件方式：通过元素 id 或 name 引用组件，使用组件中的相关方法或属性进行更新。此外，组件还支持条件渲染和列表渲染、自定义模板、事件回调以及外部引用。完整的特性请参考小程序开发文档。

小程序框架中的另一个重要构成是 API。使用小程序 API 可以方便地调起微信提供的能力，例如获取用户信息、微信支付、本地存储、扫码，以及 WebSocket 连接能力。小程序 API 的能力，与公众号中的 JS-SDK 异曲同工，不过小程序 API 能提供更 "原生"、更底层的能力，用户体验也更好。

对小程序的原理有了一定的了解之后，我们不妨从宏观角度来看小程序的运行原理，如图 9-8 所示。

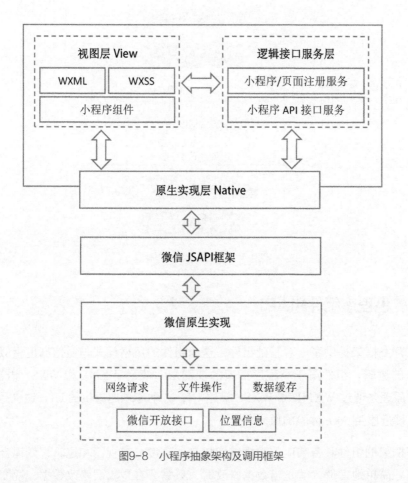

图9-8　小程序抽象架构及调用框架

追根溯源小程序提供的 API 能力，最后的实现方式依旧是微信的原生实现。相信随着微信生态越来越完善，微信提供的 API 接口服务也会更加丰富和好用。

9.6 小程序登录

小程序的登录与公众号的网页授权登录有所不同。我们在做网页授权登录时，首先通过页面跳转的方式从微信授权服务器换取授权 code，然后根据 code 换取 AccessToken 和用户信息。在微信小程序中，开发模式不同，由于是本地的页面，所以无法通过传统 Web 页面跳转的形式来换取 code。

小程序的登录，是由客户端调用 wx.login 发起，获取到授权 code 后，调用 wx.getUserInfo 获取用户信息。这里获取到的部分用户信息（例如 OpenID 和 UnionID 等敏感信息）是经过加密的，需要客户端传递加密数据以及授权 code 和初始化向量 iv 到开发者服务器进行解密。

下面我们来看看如何获取用户的基本信息。首先是客户端的代码，如代码清单 9-2 所示。

代码清单 9-2

```
//app.js
App({
  onLaunch: function () {
    console.log('App.onLaunch');
  },
  getUserInfo: function (cb) {
    wx.showToast({
      title: '登录中...',
      icon: 'loading',
      duration: 10000
    })
    if (this.globalData.userInfo) {
      typeof cb == "function" && cb(this.globalData.userInfo)
    } else {
      this.wxLogin(cb);
    }
  },
  wxLogin: function (cb) {
    var self = this
    // 调用登录接口
    wx.login({
      success: function (res) {
```

```
              console.log(res);
              if (res.code) {
                  self.globalData.wxAuthCode = res.code;
                  wx.getUserInfo({
                    success: function (res) {
                      self.globalData.userInfo = res.userInfo
                      typeof cb == "function" && cb(self.globalData.userInfo);
                      self.getUserData(res);
                    }
                  })
              }
          }
      })
  },
getUserData: function (res) {
  console.log(res);
  console.log(this.globalData.wxAuthCode);
  var self = this;
  wx.request({
    url: 'https://wx.hello1010.com/miniapp/auth/',
    data: {
      iv: res.iv,
      encryptData: res.encryptedData,
      authCode: self.globalData.wxAuthCode
    },
    method: 'GET',
    success: function (res) {
      console.log(res);
      console.log(res.data);
      self.globalData.userSessionId = res.data;
      wx.setStorage({
        key: "user_session_id",
        data: res.data
      })
      wx.hideToast();
      wx.showToast({
        title: '登录成功',
        icon: 'success',
        duration: 1500
      })
    },
```

```
        fail: function () {
            console.error('getUserData.fail');
        },
        complete: function () {
            console.log('getUserData.complete');
        }
    })
  },
  globalData: {
    userInfo: null,
    wxAuthCode: null,
    userSessionId: null,
  }
})
```

登录代码在 app.js 中，方便各个页面调用，入口函数是 getUserInfo，需要调用方传递一个回调函数，在这里可以设置用户信息的显示。获取到的用户信息和服务端返回的 session_id 存储在 globalData 中。代码清单 9-3 是 pages/index/index.js 中登录接口的使用代码，调用了 app.js 中的 getUserInfo 函数，获取用户信息成功后，把用户昵称显示在页面中。

代码清单 9-3

```
//index.js
// 获取应用实例
var app = getApp()
Page({
  onLoad: function () {
    console.log('Index.onLoad: 页面加载 ')
    var that = this
    // 调用应用实例的方法获取全局数据
    app.getUserInfo(function (userInfo) {
      // 更新数据
      that.setData({
        userInfo: userInfo
      })
    })
  }
})
```

以上是客户端的代码，接下来我们看服务端的代码。服务端的主要任务是使用授权
code 换取 session_key，解密用户数据，并设置用户登录状态，最后返回 session_id
给客户端，如代码清单 9-4 所示。

代码清单 9-4

```php
class Miniapp extends MY_Controller{
        private $miniapp_config;
        function __construct() {
            parent::__construct();
            $this->config->load('wechat');
            $this->miniapp_config = $this->config->item('mini_app');
        }

        public function auth(){
            require_once APPPATH . 'third_party/miniapp/wxBizDataCrypt.php';
            $appid = $this->miniapp_config['appid'];
            $iv = $this->input->get('iv');
            $code = $this->input->get('authCode');
            $encryptData = $this->input->get('encryptData');
            $session_data = $this->get_session_key($code);
            $pc = new WXBizDataCrypt($appid, $session_data['session_key']);
            $errCode = $pc->decryptData($encryptData, $iv, $data);
            log_message('debug', 'get miniapp user data:' . json_encode
($data) . ',openid:' . $session_data['openid']);

            $this->load->driver('cache', array('adapter' => 'redis'));
            $this->cache->save(md5($session_data['openid']), $session_
data['openid'], intval($session_data['expires_in']) - 3600);
            echo md5($session_data['openid']);
        }

        public function get_session_key($code){
            $appid = $this->miniapp_config['appid'];
            $appsecret = $this->miniapp_config['appsecret'];
            $this->load->library('myapi');
            $data = MyApi::excute("https://api.weixin.qq.com/sns/js
code2session?appid={$appid}&secret={$appsecret}&js_code={$code}&grant_
type=authorization_code", null, 'GET');
                log_message('debug', 'get miniapp session data:' . json_
```

```
encode($data));

                return $data;
            }

    }
```

这里用到了微信官方提供的加解密类库，在 third_party/miniapp 目录下。需要注意的是，笔者这里为了简化演示，只做了获取到用户基本信息的逻辑，并没有使用 OpenID 去做登录或注册的逻辑。读者根据第 8 章介绍的微信登录方案进行简单改造，即可接入现有的账户体系。

> **注意**
>
> 通过小程序用户授权获取到的用户信息，是经过加密处理的，解密时需要用到 AppID、初始化向量 iv 和会话密钥 session_key。会话密钥是在开发者服务器通过接口获取到的，它是解密用户信息的一个重要参数。由于加密数据 encryptedData、初始化向量 iv 以及 appId 都会暴露在客户端，唯独 session_key 是在开发者服务器获取并使用的，因此，为了自身应用安全，强烈建议不要把会话密钥 session_key 在网络上传输。这也是微信官方的推荐做法。

微信登录的效果如图 9-9 所示。点击"允许"之后，即可拉取到用户信息并在服务端解密敏感数据。

图9-9　小程序授权登录

▶9.7 小程序微信支付

小程序的微信支付功能，需要通过微信认证和微信支付认证才能获取。在进行微信支付认证时，有以下两种选择。

➤ 绑定已有微信支付商户：验证原有商户账号密码信息进行绑定，这种方式较快，几分钟就能绑定完成并开通小程序支付。这种开通方式，使用原有商户号和支付密钥进行开发。

➤ 新开通商户账户：提交必要的资料审核，通过后设置支付秘钥等信息。

需要特别注意的是，小程序支付的上述两种开通方式不可逆，需要谨慎选择。笔者选择的是绑定原有商户号的方式。

如果读者已经做过公众号的 JSAPI 网页微信支付，那么接入小程序支付将会比较容易。相比较于网页微信支付，小程序支付不需要设置支付目录和授权域名，另外，小程序的支付回调也支持 complete、fail 和 success 情况。

小程序支付 API 是 wx.requestPayment，接收 timeStamp、nonceStr、package、和 paySign 四个参数。这四个参数都需要服务端返回。通过调用统一下单接口就可以轻松地把这四个参数获取到。

```
wx.requestPayment({
    'timeStamp': '',
    'nonceStr': '',
    'package': '',
    'signType': 'MD5',
    'paySign': '',
    'success':function(res){
    },
    'fail':function(res){
    }
})
```

客户端的代码如代码清单 9-5 所示。请求小程序支付时，客户端传递登录时获取到的 session_id 给服务端，以识别用户身份获取 OpenID。

代码清单 9-5

```
// pages/pay/pay.js
    var app = getApp()
    Page({
    data: {},
    payBtn: function (e) {
      self = this;
      wx.showModal({
        title: '微信支付',
        content: '确定要支付吗？',
        success: function (res) {
            if (res.confirm) {
                self.pay();
            }
        }
      })
    },
    pay: function () {
      console.log(app.globalData.userSessionId);
      self = this;
      wx.showToast({
        title: '请求中...',
        icon: 'loading',
        duration: 10000
      })
      wx.request({
        url: 'https://wx.hello1010.com/miniapp/pay/',
        data: {
          s_id: app.globalData.userSessionId
        },
        method: 'GET',
        success: function (res) {
          console.log(res);
          var payData = res.data;
          wx.requestPayment({
            'timeStamp': payData.timeStamp,
            'nonceStr': payData.nonceStr,
            'package': payData.package,
            'signType': 'MD5',
            'paySign': payData.paySign,
            'success': function (res) {
                wx.showToast({
                    title: '支付成功',
```

```
                icon: 'success',
                duration: 1500
              })
         },
         'fail': function (res) {
             console.error('pay error:' + res);
         }
        })
      },
      fail: function () {
         console.error('get pay data fail');
      },
      complete: function () {
         console.log('get pay data complete');
         wx.hideToast();
      }
    })
  }
})
```

代码清单 9-6 是服务端的代码。这里的代码与微信网页支付的服务端代码比较类似，都调用了统一下单接口 WxPayUnifiedOrder 获取支付签名和 prepay_id 等参数。

代码清单 9-6

```
public function pay(){
    // 加载文件
    require_once APPPATH . 'third_party/wxpay/lib/WxPay.Api.php';
    require_once APPPATH . 'third_party/wxpay/WxPay.JsApiPay.php';
    $this->load->driver('cache', array('adapter' => 'redis'));
    $session_id = $this->input->get('s_id');
    $openId = $this->cache->get($session_id);
    $tools = new JsApiPay();
    // 五个字段参与签名（区分大小写）：appId,nonceStr,package,signType,timeStamp
    $input = new WxPayUnifiedOrder();
    $input->SetAppid($this->miniapp_config['appid']); // 设置为小程序 appId
    $input->SetBody(" 测试商品 ");
    $input->SetAttach("hello_attach_data");
    $input->SetOut_trade_no(date("YmdHis", time()) . (microtime(true) * 10000));
    $input->SetTotal_fee("1");
    $input->SetTime_start(date("YmdHis"));
    $input->SetTime_expire(date("YmdHis", time() + 600));
    $input->SetGoods_tag("test");
```

```
$input->SetNotify_url($this->config->item('app_path') . 'wxpay/notify');
$input->SetTrade_type("JSAPI"); // 小程序支付类型为 JSAPI
$input->SetOpenid($openId);
$order = WxPayApi::unifiedOrder($input);
$jsApiParameters = $tools->GetJsApiParameters($order);
log_message('debug', 'miniapp pay, jsApiParameters:' . $jsApiParameters);
$pay_data = json_decode($jsApiParameters, true);
echo json_encode(array(
    'timeStamp' => $pay_data['timeStamp'],
    'nonceStr' => $pay_data['nonceStr'],
    'package' => $pay_data['package'],
    'paySign' => $pay_data['paySign']
));
}
```

笔者的小程序支付接口和公众号的微信支付接口使用了同一套代码，需要区分两者的 AppID 值。由于统一下单接口中会自动读取 third_party/wxpay/lib/WxPay.Config.php 下的公众号配置信息，默认使用公众号的 AppID，因此，需要在统一下单时重新设置 AppID 的值为小程序 AppID，并在 third_party/wxpay/lib/WxPay.Api.php 中的 unifiedOrder 方法中，通过 IsAppidSet 方法判断是否设置过 AppID，未设置则默认使用公众号的 AppID。详细代码参加工程源代码。

上传小程序代码后，在真机中就可以进行微信支付测试了，如图 9-10 所示。

图9-10 小程序微信支付

143

图9-10　小程序微信支付（续）

9.8　小结

本章首先介绍了小程序的基本概念，然后对其开发环境和开发框架进行了解析，接下来对小程序原理性的知识进行剖析：页面生命周期、组件及 API 调用原理。最后对两个最常见的小程序开发功能进行示例讲解：小程序登录和支付。小程序的开发并不复杂，关键是要掌握其原理性知识。

第 **10** 章

案例: 第一个echo server程序

本章讲解接入公众号开发者模式的整个过程, 以及接入开发者模式之后, 对微信服务器事件推送的响应。

公众号的高级模式有两种: 编辑者模式和开发者模式。在编辑者模式中, 可以通过简单的后台设置操作, 来定义自动回复、服务号还有公众号底部自定义菜单等功能; 在开发者模式中, 开发者可以通过公众平台提供的接口, 实现自动回复、获取订阅者、自定义菜单等功能。简单地说, 在编辑者模式下, 公众号的所有操作均可在后台完成, 适用于没有开发能力的运营者; 但是想要实现比较复杂的逻辑, 以及对用户提供更多样化的服务, 可以在开发者模式下, 使用公众平台提供的接口来实现公众号后台的大部分功能。

10.1 接入开发者模式

由 3.3 节可知, 接入开发者模式, 需要在公众号后台填写回调地址以及 Token 等信息。登录公众号后台, 依次进入 "开发→基本配置→服务器配置", 填写相应信息。在提交配置信息之前, 开发者需要把回调地址对应的站点部署好, 才能通过微信服务器的验证。下面讲解如何编写接入开发者模式的代码。

在示例工程中，打开微信配置文件 wechat/config/production/wechat.php，把 Token、AppID 和 appsecret 填好（假如开启了消息加解，则需要填写 encodingaeskey），就可以开始准备编写接入代码了。

在 wechat/controllers 目录下，新建一个响应微信事件的控制器 Wx_Api.php，借助微信 API 类库的方法，可以轻松地完成接入代码的编写。

```
// 实例化 wechat 对象
$this->load->library('wechat');
// 验证回调合法性
$this->wechat->valid();
```

valid 方法的主要流程是，首选检测请求 URL 中是否有 echostr 参数，假如有，说明是微信服务器的接入验证请求，检查签名通过后，把 echostr 的值原样返回则接入成功，否则接入失败。

启用并设置服务器配置后，用户发给公众号的消息以及开发者需要的事件推送，将被微信转发到开发者填写的 URL 中。笔者填写的回调 URL 地址为：http://wx.hello1010.com/Wx_Api。

注意，接入开发者模式后，不能通过公众号后台来完成自定义菜单的配置，此时需要通过公众平台提供的接口来完成菜单配置。

▶10.2 消息响应

接入开发者模式后，当微信用户向公众号发消息时，微信服务器会把 POST 消息的 xml 数据包发送到开发者填写的 URL 中。

微信服务器推送的消息包括：图片消息（image）、语音消息（voice）、视频消息（video）、地理位置消息（location）和链接消息（link）。推送的事件包括：关注 /取消关注事件（subscribe/unsubscribe）、扫描带参数二维码事件（scan）、上报地理位置事件（location）和点击自定义菜单事件（click）。

下面是发送一段文本给公众号后，微信服务器 POST 到开发者服务器的数据。

```
<xml><ToUserName><![CDATA[gh_bcdecb768b0c]]></ToUserName>
<FromUserName><![CDATA[oJ3afuBiuYESFeS-QY2WWNqr2DA8]]></FromUserName>
<CreateTime>1481131980</CreateTime>
<MsgType><![CDATA[text]]></MsgType>
<Content><![CDATA[Hellojammy]]></Content>
<MsgId>6361413415598834705</MsgId>
</xml>
```

xml 中包含了发送者的 OpenID、消息类型以及消息内容。每一类消息的消息结构会
有所差异，完整消息的 xml 结构可参考公众号开发文档。

微信 API 类库已经对微信服务器的 POST 数据和方法做了统一封装，因此我们
只需要关注消息和事件的响应逻辑。完整的 Wx_Api.php 代码如代码清单 10-1
所示。

代码清单 10-1

```php
<?php
defined('BASEPATH') OR exit('No direct script access allowed');

/**
 *
 * create at 16/09/07
 * @author hellojammy (http://hello1010.com/about)
 * @version 1.0
 *
 */
class Wx_Api extends CI_Controller {
    // 微信各事件的回调
    private $wx_callback_hooks = [];
    public function index() {
        // 实例化 wechat 对象
        $this->load->library('wechat');
        // 验证回调合法性
        $this->wechat->valid();
        //设置各事件的回调
        $this->wx_callback_hooks = [
            WechatApi::MSGTYPE_TEXT => array($this, 'responseTxt'),
            WechatApi::MSGTYPE_LOCATION => array($this, 'responseLocation'),
            WechatApi::MSGTYPE_IMAGE => array($this, 'responseImage'),
            WechatApi::MSGTYPE_VOICE => array($this, 'responseVoice'),
```

```
                WechatApi::EVENT_SUBSCRIBE => array($this, 'responseSubscribe'),
                WechatApi::EVENT_UNSUBSCRIBE => array($this, 'responseUnSubscribe'),
                WechatApi::EVENT_SCAN => array($this, 'responseScan'),
                WechatApi::EVENT_MENU_CLICK => array($this, 'responseClick'),
                WechatApi::EVENT_LOCATION => array($this, 'responseEventLocation'),
                WechatApi::EVENT_MENU_VIEW => array($this, 'responseView')
        ];

        $type = $this->wechat->getRev()->getRevType();
        $event = $this->wechat->getRevEvent();
        if ($type == 'event' && isset($event['event'])) {
                $type = $event['event'];
        }

        // 检验回调函数是否存在
        if (
                !isset($this->wx_callback_hooks[$type]) || !is_callable
($this->wx_callback_hooks[$type])) {
                log_message('debug','call undefined function, type:' . $type);
                return;
        }
        // 调用响应函数
        call_user_func($this->wx_callback_hooks[$type]);
    }

    /**
     * 文本消息的响应
     */
    function responseTxt() {
        $text = $this->wechat->getRevContent();
        $this->wechat->text(" 您刚刚说 :\n\n" . $text)->reply();
    }

    /**
     * 上传地理位置的响应
     */
    function responseLocation() {
        $postObj = $this->wechat->getRevGeo();
        $this->wechat->text(" 您的坐标是 : {$postObj['x']} , {$postObj
['y']}")->reply();
    }
```

```php
/**
 * 上传图片的响应
 */
function responseImage() {
    $postObj = $this->wechat->getRevPic();
    $this->wechat->text("<a href='" . $postObj['picurl'] . "' target=
'_blank'> 点击查看图片 </a>")->reply();
}


/**
 * 语言消息的响应
 */
function responseVoice() {
    $postObj = $this->wechat->getRevData();
    $txt = $postObj['Recognition'];
    if (!$txt) {
        $txt = ' 万万没想到，语音识别失败了！';
    }
    $this->wechat->text($txt)->reply();
}


/**
 * 用户关注事件响应
 */
function responseSubscribe() {
    log_message('debug', " 用户关注 ,openid:{$this->wechat->getRevFrom()}");
    // 是否是扫描推广二维码过来的
    $scene_info = $this->wechat->getRevSceneId();
    if($scene_info){
        log_message('debug','subscribe_scan_' . $scene_info);

    }else{
        $welcome = " 嘿 ~ 欢迎您关注 ^_^\n\n";
        $welcome .= " 您的 openid 是 :{$this->wechat->getRevFrom()}";
        $this->wechat->text($welcome)->reply();
    }
}


/**
 * 用户取消关注事件响应
 */
function responseUnSubscribe() {
```

```php
        log_message('debug', "用户取消关注,openid:{$this->wechat->getRevFrom()}");
        $this->wechat->text(" 亲爱的, 不要离开我  :(")->reply();
    }


    /**
     * 用户扫描带参数二维码事件响应
     */
    function responseScan() {
        $scene_info = $this->wechat->getRevSceneId();
        if($scene_info){
            log_message('debug','qrcode_scan_' . $scene_info);
        }
    }


    /**
     * 用户点击菜单后的响应
     */
    function responseClick() {
        $postObj = $this->wechat->getRevEvent();
        switch ($postObj['key']) {
            case 'CLICK_A':
                $this->wechat->text(" 我们的工程师正在玩命开发中, 敬请期
待! ")->reply();
                break;
            default:
                break;
        }
    }


    /**
     * 上报地理位置事件的响应
     */
    function responseEventLocation() {
        $postObj = $this->wechat->getRevEventGeo();
        log_message('debug', "用户上报地理位置:{$postObj['x']} , {$postObj
['y']}");

        $this->wechat->text("用户上报地理位置: {$postObj['x']} , {$postObj
['y']}")->reply();
    }


    /**
```

```
 *  点击菜单跳转链接时的事件响应
 */
function responseView() {
    log_message('debug','view:' . $this->wechat->getRevSceneId() .
',openid:' . $this->wechat->getRevFrom());
}
}
```

回调接口的入口为 index 方法，首先加载 wechat 类库，设置各消息类型和事件类型
的处理方法，然后根据微信 POST 过来的数据，获取到消息类型，再利用 call_user_
func 函数调用相应的方法。这样做的好处是，可以把各消息和事件的响应逻辑清晰
分离，不至于把代码混在一起。

发布代码后，就可以看到实际的运行效果了。如图 10-1 所示，这是用户关注公众号
后的消息推送，这时输出了关注者的 OpenID 信息，读者可以根据业务实际情况推送
欢迎语。图 10-2，是发送图片后的消息响应，回复了一个链接，用户点击之后可以
直接查看图片。图 10-3，是文本消息的响应，这里只是把用户发送的文本原样返
回，实际项目中，可以做关键字匹配的自动回复。图 10-4，是语音消息的响应，
这里返回了语音转文字后的结果。

图10-1　关注公众号

图10-2　发送图片

图10-3 发送文本消息   图10-4 发送语音

至此，一个完整的 echo 程序就开发完毕了，它可以响应用户在公众号会话内的交互。结合业务逻辑，你还可以做一些比较有意思的事情。例如，用户可以在公众号会话里上传地理位置，后台可以获取到用户的坐标，有了坐标之后，就可以做基于地理位置的消息推送，比如附近的餐馆、附近的公交站点等。再比如，用户可以直接给公众号发送语音，后台拿到语音转换后的文字后，对文字进行关键字匹配，然后实现一些关键字回复。

关于公众号的文本回复，会有一些小技巧。比如推送给用户的文本中，用双引号括起来后，可以使用 HTML 中的 a 标签，这样就可以实现链接的友好显示，而不是直接显示一个 URL 地址了，如下所示。

```
$response_txt = "<a href=' " . $this->config->item('app_path') . " '>立即使
用 </a>";
$this->wechat->text($response_txt)->reply();
```

再者，微信对回复给用户的文本长度有限制，建议不超过 2048 个字节，超过这个长度后，会推送失败，用户会看到"该公众号暂时无法提供服务，请稍后再试"的提示。

公众号会话保存Session

微信服务器回调开发者设置的 URL 地址时，和普通的浏览器 POST 请求有所区别。

用户的消息是通过微信服务器直接 POST 过来的，请求不带 cookie 信息，开发者服务器无法像对待浏览器的请求一样去设置和读取用户的 session 会话信息，因为每次 POST 数据都会生成一个不同的 session_id。因此，我们需要指定请求的 session_id。在 Wx_Api 的 index 方法中，可以在调用响应函数之前，手动设置 session_id。这里使用用户的 OpenID 的 MD5 值（对 OpenID 做简单的加密处理）作为 session_id，能保证同一个用户的每次消息交互都会对应到同一个 session 会话。需要特别注意的是，必须在 session_start 函数调用之前设置 session_id 的值。

```
// 启用 session, 使用 openid 的 md5 值作为 session_id
session_id(md5($this->wechat->getRevFrom()));
session_start();
// 调用响应函数
call_user_func($this->wx_callback_hooks[$type]);
```

10.3 自定义菜单

经过认证后的订阅号和服务号，拥有自定义菜单的功能，在编辑者模式下，运营者可以直接在公众号后台通过界面操作的方式配置菜单。开启开发者模式后，自定义菜单需要通过接口调用的方式来进行管理。

按照微信官方的文档说明，我们需要把自定义菜单的信息通过数组的方式组装好，POST 到微信服务器才能生效。数组的各字段含义如表 10-1 所示。

表 10-1　　　　　　　　　　自定义菜单数据各字段含义

参数名	简述
button	必传。一级菜单数组，1～3 个
sub_button	二级菜单数组，1～5 个
type	必传。菜单的响应动作类型
name	必传。一级菜单最多 4 个汉字，二级菜单最多 7 个汉字
key	click 类型必传，菜单 key 值，小于 128 字节
url	view 类型必传，网页链接，小于 1024 字节
media_id	media_id 和 view_limited 类型必传，永久素材 id

表中的 type 字段，是代表菜单响应动作的类型，是最为关键的一个参数，决定了用

户点击当前菜单或子菜单后的响应类型。自定义菜单目前支持 10 种响应类型，如表 10-2 所示，支持的响应动作非常丰富，既提供了微信特有的功能调用（如扫码、微信相册选择器），又提供了系统级别的功能调用（如拍照），为开发者开发多样的自定义菜单提供了可能。

表 10-2　　　　　　　　　　　　自定义菜单响应类型

响应类型	简述
click	对应一个自定义 key 值，用户点击后，后台接收到该值，可以根据该值与用户交互，例如发送消息
view	跳转 URL，用户点击后进入 URL 对应的页面
scancode_push	调起微信扫一扫
scancode_waitmsg	调起微信扫一扫，提示"消息接收中"
pic_sysphoto	调起系统相机进行拍照
pic_phpto_or_album	弹出"拍照"和"从手机相册选择"供用户选择
pic_weixin	弹出微信相册发图器，最多一次发送 9 张图片
location_select	弹出地理位置选择器
media_id	推送永久素材给用户，如图片、视频和音频等
view_limited	跳转至图文消息 URL

下面通过程序推送菜单，来实现自定义菜单的功能，如代码清单 10-2 所示。

代码清单 10-2

```
/**
 * 自定义菜单信息推送
 */
function postMenu(){
    $data = array (
        'button' => array (
          0 => array (
            'name' => '系统功能',
            'sub_button' => array (
                0 => array (
                    'type' => 'scancode_waitmsg',
                    'name' => '扫码带提示',
                    'key' => 'rselfmenu_0_0',
                ),
                1 => array (
```

```
                    'type' => 'pic_sysphoto',
                    'name' => '系统拍照发图',
                    'key' => 'rselfmenu_1_0',
                ),
                2=> array (
                    'type' => 'pic_photo_or_album',
                    'name' => '拍照或者相册发图',
                    'key' => 'rselfmenu_1_1',
                ),
                3 => array (
                    'type' => 'location_select',
                    'name' => '发送位置',
                    'key' => 'rselfmenu_2_0'
                ),
            ),
        ),
        1 => array(
            'name' => '功能演示',
            'sub_button' => array (
                0 => array (
                    'type' => 'view',
                    'name' => '授权获取用户信息',
                    'url' => 'http://wx.hello1010.com/',
                ),
                1 => array (
                    'type' => 'view',
                    'name' => '微信支付',
                    'url' => 'http://wx.hello1010.com/wxpay/pay/',
                ),
            ),
        ),
    ),
);

// 实例化 wechat 对象
$this->load->library('wechat');
$this->wechat->createMenu($data);
}
```

上述代码代表的菜单，实现了扫码、拍照、发图、发送地理位置和页面跳转这几个
功能，实现效果如图 10-5 和图 10-6 所示。

图10-5　系统功能演示

图10-6　功能演示

需要特别说明一下的是，公众号自定义菜单修改后，用户进入公众号后并不能马上看到最新的菜单。最早的菜单刷新策略是 24 小时内更新，最新的更新策略显示，可以在 5 分钟内刷新。假如想要马上看到最新的菜单，可以取消关注后再重新关注。

上面介绍的自定义菜单，是针对所有用户而言的，修改之后，所有用户看到的菜单都是一样的。除此之外，公众号还支持个性化菜单，可以让不同用户群体看到不一样的菜单，用户群体可以按照以下几个条件来划分：用户标签、性别、手机操作系统、地区和语言。有了这个功能，可以帮助公众号运营者实现更加灵活的业务运营。关于个性化菜单的细节，这里不再展开讨论，请参考微信公众号开发文档。

▶10.4　小结

本章介绍了接入公众号开发者模式的步骤和流程，并实现了一个简单的公众号接口回调框架，为下一章的案例实现打下了基础。公众号的消息会话，是一个极其重要的入口，它可以在不做任何网页开发的情况下，接收用户的多种类型消息并与之产生交互，这种消息交互即使在网络环境较差的情况下也能顺利完成。

第 **11** 章

案例：微信随手记

本章介绍一个基于微信公众号的随手记应用，在公众号的消息会话内实现文本信息和图片信息的记录。另外，还使用了第三方接口实现了一个简单的聊天机器人。公众账号为 hellochats，二维码如图 11-1 所示。

图11-1　hellochats公众号二维码

使用这个公众号，按照一定的格式回复，用户能以主题的方式把信息归类添加，并在每个信息中附加图片，实现以图文并茂的形式记录信息。当用户回复的信息没有匹配到关键字，则自动由聊天机器人接管消息。

11.1　需求描述

使用过微博的读者应该都知道，在新浪微博中参加一个话题的讨论，需要使用两个"#"号把话题包括在里面，例如参加"新年展望"这个微博话题的讨论，回复格式可以是以下两种：

新的一年希望自己更加帅 # 新年展望 #

新年展望 # 新的一年希望自己更加帅

回复之后，这段新年寄语就会自动归入"新年展望"这个话题。交互简单直接，便于理解。

微信随手记应用中的主题添加，也采用这种大家容易接受和熟悉交互方式，每个主题下面可以有若干个主题内容。主题的查看，使用关键字匹配的方式，约定用户回复的文本信息中以"我要"开头，那么"我要"后面的文字就会被解析为一个主题。另外，对于主题中包含的图片，由于公众号无法在消息会话中一次回复多张图片给用户，因此，对于有图片的主题信息，会在每个主题后面加一个查看图片的链接入口。

另外，我们使用用户的 OpenID 作为用户的唯一标识，这样就能保证每个用户添加的主题信息是互相独立不可见的。

11.2　数据库设计

由前面的需求描述可知，我们需要设计两张表，一张表用来存储用户的主题信息，叫 talk，表 11-1 是 talk 表各个字段的描述。

表 11-1　　　　　　　　　　　　　　talk 表数据结构

字段名	含义
id	主键，自增
msg_id	消息 id，由微信返回
open_id	用户 open_id
topic	主题
content	主题内容

续表

字段名	含义
img_ids	与主题关联的图片 id，多个图片 id 用英文逗号分隔
status	用户状态，0：已删除，1：正常
ctime	创建时间
utime	修改时间

创建表的 SQL 语句如代码清单 11-1 所示。

代码清单 11-1

```
CREATE TABLE 'talk' (
'id' int(11) NOT NULL AUTO_INCREMENT,
'msg_id' bigint(20) NOT NULL,
'open_id' varchar(28) NOT NULL,
'topic' varchar(100) DEFAULT NULL,
'content' varchar(255) DEFAULT NULL,
'img_ids' varchar(1000) DEFAULT NULL,
'status' tinyint(4) DEFAULT '1' COMMENT '0:已删除, 1: 正常 ',
'ctime' datetime DEFAULT NULL,
'utime' datetime DEFAULT NULL,
PRIMARY KEY ('id')
) ENGINE=MyISAM AUTO_INCREMENT=8 DEFAULT CHARSET=utf8    }
```

还需要一个表用来存储用户上传的图片信息，叫 wx_img。表 11-2 是 wx_img 表各个字段的描述。

表 11-2　　　　　　　　　　　wx_img 表数据结构

字段名	含义
id	主键，自增
msg_id	消息 id，由微信返回
open_id	用户 open_id
url	图片地址
status	用户状态，0：已删除，1：正常
ctime	创建时间
utime	修改时间

创建表的 SQL 语句如代码清单 11-2 所示。

代码清单 11-2

```
 CREATE TABLE 'wx_img' (
'id' int(11) NOT NULL AUTO_INCREMENT,
'msg_id' bigint(20) DEFAULT NULL,
'open_id' varchar(28) NOT NULL,
'url' varchar(300) NOT NULL,
'status' tinyint(4) NOT NULL DEFAULT '1' COMMENT '0: 已删除, 1: 刚刚上传,
2: 已下载到本地服务器, 3: 下载失败, ',
'ctime' datetime DEFAULT NULL,
'utime' datetime DEFAULT NULL,
PRIMARY KEY ('id')
) ENGINE=MyISAM AUTO_INCREMENT=9 DEFAULT CHARSET=utf8
```

我们注意到，两张表中都含有 open_id 字段，这个字段非常关键，它是用来识别用户身份的，相当于 user_id。

▶11.3　代码实现

由上一章的介绍可知，用户在公众号中回复文本信息，对应的响应函数是 responseTxt，回复图片，对应的响应函数是 responseImage。因此，我们需要在这两个函数中写入口响应代码。

11.3.1　添加主题

我们约定主题必须包括在 "#" 这个符号内，因此，为了匹配用户的输入，我们需要定义两个正则表达式，定义在 wechat/config/constants.php 文件中：

```
// 随手记的配置
define('ANYNOTE_SUBJECT_A',  '/^(.*)(#.*#)$/');  // ....#...#
```

获取到用户的输入信息后，解析出主题和内容，然后添加到数据库。另外，添加完主题之后，需要把主题消息的 message_id 存储到 session 中，用户下次回复图片时，才能把图片信息加入到对应的主题消息中。添加主题的逻辑代码定义在 service/s_anynote_txt.php 中，主要代码如代码清单 11-3 所示。

代码清单 11-3

```
// 判断是否添加一个主题
preg_match(ANYNOTE_SUBJECT_A, $content, $match);
    $cmd = isset($match[1]) ? $match[1] : '';
    $key = isset($match[2]) ? trim($match[2]) : '';
    if($cmd && $key){
        $key = str_ireplace('#', '', $key);
        $this->load->model('M_talk');
        $save_data = array(
            'msg_id' => $msg_id,
            'open_id' => $open_id,
            'topic' => $key,
            'content' => $cmd
        );
        $ret = $this->M_talk->save_entry($save_data);
        if($ret > 0){
            $_SESSION['key_anynote_text_msgid'] = $msg_id;
        }
        return ($ret >= 0 ? "/:,@-D 成功添加到 #{$key}#\n" . ' 回复图片即可添加
到该主题 ' : " 添加到 #{$key}# 失败 ") ;
    }
```

主题文字添加完成之后，会提示用户可以直接回复图片即可添加到主题。这里需要找到之前设置在 session 中文本消息的 id，并把新的图片 id 和之前的进行一次合并。代码清单在 service/s_anynote_img.php 中，主要实现代码如图 11-4 所示。

代码清单 11-4

```
/**
 * 用户上传图片的响应 . 添加图片到相应的主题
 * @param $url
 * @param $msg_id
 * @param $open_id
 * @return bool|string
 */
public function img($url, $msg_id, $open_id){
    $this->load->model('M_wx_img');
    $save_data = array(
        'msg_id'  => $msg_id,
        'open_id' => $open_id,
        'url'     => $url
```

```
    );
    $ret = $this->M_wx_img->save_entry($save_data);
    if($ret){
        // 从 session 中获取 text_msg_id, 看看之前是否有主题, 有的话则关联到对于的主题
        $txt_msg_id = $_SESSION['key_anynote_text_msgid'];
        if($txt_msg_id){
            log_message('debug', '用户之前发表过主题,msg_id:' . $txt_msg_id);
            $this->load->model('M_talk');
            $txt_data = $this->M_talk->get_img_ids_by_msgid($txt_msg_id);
            if($txt_data){
                $new_msg_ids = (isset($txt_data['img_ids']))? ($txt_data['img_
ids'] . ',' . $msg_id) : ($msg_id));
                $update_txt_data = array(
                    'id'      => $txt_data['id'],
                    'img_ids' => $new_msg_ids
                );
                $ret = $this->M_talk->save_entry($update_txt_data);
                return ($ret > 0) ? "/:,@-D 成功添加图片到主题" : "/::( 添
加图片到主题失败";
            }else{
                return "/::( 获取原有图片失败";
            }
        }
    }
    return false;
}
```

11.3.2　主题查看

用户回复的文本消息中，假如是以"我要"这两个字开头，会认为用户在获取主题信息，则把"我要"后面的文字作为主题，获取该主题下的所有主题回复信息。另外，这里还有一个查看排行榜的功能，能列举出当前用户添加过的所有主题以及主题下含有的主题回复数。主要逻辑如代码清单 11-5 所示。

代码清单 11-5

```
// 判断是否获取一个主题下的东西
preg_match(ANYNOTE_RANDWORDS, $content, $match);
$cmd = isset($match[1]) ? $match[1] : '';
$key = isset($match[2]) ? trim($match[2]) : '';
```

```
if($key && $cmd){
    $key = str_ireplace('#', '', $key);
    if($key == '排行榜'){
        return $this->get_ranking($open_id);
    }
    return $this->get_rand_words($key, $open_id);
}
```

获取某主题下的内容，以及排行榜的代码，如代码清单 11-6 所示。

代码清单 11-6

```
/**
 * 获取指定主题下的主题回复
 * @param $topic
 * @param string $open_id
 * @return string
 */
private function get_rand_words($topic, $open_id = ''){
    $rand_count = rand(1, 999);
    $this->load->model('M_talk');
    $rand_data = $this->M_talk->get_rand_words($topic, $rand_count, $open_id);
    $count = count($rand_data);
    if($count == 0){
        $add_topic_tips = "你还没有添加 #" . $topic ."# 主题 \n\n";
        $add_topic_tips .= "添加方式：主题文字 # 主题名称 #\n\n";
        $add_topic_tips .= "举个例子 今天下班好早 # 生活点滴 #，则可添加到 # 生活
点滴 # 主题中 \n\n";
        return $add_topic_tips;
    }
    $text = '';
    $index = 0;
    $this->load->library('wechat/wechatools');
    foreach ($rand_data as $kv) {
        $index++;
        $t = "\n\n[{$index}] " . date("Y.m.d", strtotime($kv["ctime"])) .
"  " . $kv["content"]  . "#{$topic}#\n";
        if($kv['imgIds'] != '1'){
            $preview_img_url = base_url('anynote/preview_images');
            $t .= count(explode(',', $kv['img_ids'])) . " 张图 " . '<a href="' .
"{$preview_img_url}/?t_id=" . $kv['id'] .'&open_id=' . $kv['open_id'] .'"> 点
击查看 </a>';
```

163

```
            }
            if(!Wechatools::maxLen($text, $t)){
                $text .= $t;
            }else{
                break;
            }
        }
        return "#{$topic}#({$index} 个 )\n{$text}";
    }


    /**
     * 获取主题排行榜
     * @param string $open_id
     * @return string
     */
    private function get_ranking($open_id = ''){
        $ranking_data = $this->get_ranking_stat($open_id);
        $count = count($ranking_data);
        if(empty($ranking_data)){
            return ' 抱歉，没有 ';
        }
        $text = " 共 {$count} 个话题 ";
        $index = 0;
        foreach ($ranking_data as $kv) {
            $index++;
            $text .= "\n\n[{$index}]#" . $kv["topic"] . "# " . $kv["count"] .
" 个 ";
        }
        return $text;
    }


    /**
     * 获取主题统计信息
     * @param $open_id
     * @return mixed
     */
    private function get_ranking_stat($open_id){
        $this->load->model('M_talk');
        return $this->M_talk->get_ranking_stat($open_id);
    }
```

以上代码中涉及与数据库交互的部分，都在 models 目录下，分别是 M_talk.php 和 M_wx_img.php 中，由于篇幅的关系就不再做详细解析。完整的代码可以参考工程代码。

11.3.3 图片下载

通过公众号会话上传的图片，保存在微信服务器，我们目前只是在数据库中存储了图片的地址。用户查看图片时，是链接到微信服务器的。但是微信已经做了图片的防盗链，因此，在我们自己的域名下去请求图片，是无法显示的。我们需要把图片存储到自己的服务器。

wx_img 表的 status 字段代表了图片的下载状态，把状态值为未下载（值为 1）的图片列表获取到，再使用 curl 请求图片下载到本地，代码清单如 11-7 所示。

代码清单 11-7

```
/**
 * 下载图片到指定目录
 */
public function download_wx_images(){
    try {
        $this->load->model('M_wx_img');
        $r = $this->M_wx_img->get_imgs_by_status(PIC_STATUS_UPLOAD);
        log_message('debug', '有' . count($r) . '张图片需要下载');
        if (count($r) == 0) {
            log_message('debug', '没有需要下载的图片');
            return;
        }
        $this->load->service('s_anynote_img');
        $base_path = '/var/www/html/static/wechat';
        $suc_pic_id = array();
        $fail_pic_id = array();
        foreach ($r as $kv) {
            $flag = TRUE;
            $topic_base_path_0 = $base_path . DIRECTORY_SEPARATOR .
$kv["open_id"] . DIRECTORY_SEPARATOR . '0';
                if ($this->mkdirs($topic_base_path_0)) {
                    $pic_name = $this->s_anynote_img->format_pic_name($kv);
                    $save_path = $topic_base_path_0 . DIRECTORY_SEPARATOR .
```

```
$pic_name;
                            if ($this->download_pic($kv["url"], $save_path) < 0) {
                                $flag = FALSE;
                            }
                            // 下载缩略图
                            $topic_base_path_300 = $base_path . DIRECTORY_SEPARATOR .
$kv["open_id"] . DIRECTORY_SEPARATOR . '300';
                            if ($this->mkdirs($topic_base_path_300)) {
                                $thumbnail_path = preg_replace("/\d+$/", "300",
$kv["url"]);
                                $save_path = $topic_base_path_300 . DIRECTORY_
SEPARATOR . $pic_name;
                                if ($this->download_pic($thumbnail_path, $save_
path) < 0) {
                                    $flag = FALSE;
                                }
                                if ($flag) {
                                    $suc_pic_id[] = $kv["id"];
                                }
                            }
                            if (!$flag) {
                                $fail_pic_id[] = $kv["id"];
                            }
                    } else {
                        log_message('error', '创建目录失败:' .$topic_base_path_0 );
                    }
                }

        $this->load->model('M_wx_img');
        // 设置下载成功的图片状态
        if(count($suc_pic_id) > 0){
                $this->M_wx_img->set_image_status($suc_pic_id, PIC_STATUS_
DOWNLOAD_OK);
        }
        // 设置下载失败的图片状态
        if(count($fail_pic_id) > 0){
                $this->M_wx_img->set_image_status($fail_pic_id, PIC_STATUS_
DOWNLOAD_FAIL);
        }
        } catch (Exception $exc) {
        }
    }
```

```php
/**
 * 新建目录
 * @param $dir
 * @param int $mode
 * @return bool
 */
function mkdirs($dir, $mode = 0777) {
    if (is_dir($dir) || @mkdir($dir, $mode))
        return TRUE;
    if (!$this->mkdirs(dirname($dir), $mode))
        return FALSE;
    return @mkdir($dir, $mode);
}


/**
 * 下载图片
 * @param $src_path
 * @param $dest_path
 * @return int
 */
private function download_pic($src_path, $dest_path) {
    try {
        if(file_exists($dest_path)){
            return 1;
        }
        $start_time = microtime(true);
        $ch = curl_init();
        curl_setopt($ch, CURLOPT_URL, $src_path);
        curl_setopt($ch, CURLOPT_RETURNTRANSFER, 1);
        $file = curl_exec($ch);
        curl_close($ch);
        if ($file) {
            $file_size = file_put_contents($dest_path, $file);
            $end_time = microtime(true);
            log_message('debug', "path:{$dest_path}. 耗时： " . ($end_time -
$start_time) . '(s)');
            return $file_size > 0 ? 1 : -3;
        } else {
            log_message('error', '获取图片失败： ' . $src_path);
            return -1;
        }
    } catch (Exception $exc) {
```

```
                log_message('error', '下载图片出错：' . $src_path . ',error:' .
$exc->__toString());
                return -2;
            }
        }
```

把图片下载到指定的目录，并通过用户的 OpenID 作为目录名，这样就能按用户存储图片。笔者这里的下载根目录是 /var/www/html/static/wechat。图片的下载，是通过 crontab 设置定时任务来完成的，例如设置 1 分钟执行一次图片的下载，输入 crontab -e 进入定时任务的编辑模式，输入以下命令：

```
*/1 * * * * /usr/bin/wget -q -O /dev/null
"http://wx.hello1010.com/crontable/download_wx_images?code=YOURCODE"
```

下载链接中的 code 参数，是为了防止下载链接被外界盗取而恶意执行，约定好一个 code 值后，在构造函数中验证。

```
public function __construct(){
    parent::__construct();
    $code = $this->input->get('code');
    if($code != 'YOURCODE'){
        die('error code');
    }
}
```

11.3.4　图片预览

主题中的图片查看入口，在每个主题内容后面的链接中。页面链接地址构造在生成回复内容的时候已经完成。页面对应的 Controller 为 Anynote，只有一个方法，如代码清单 11-8 所示

代码清单 11-8

```
class Anynote extends MY_Controller{
    public function preview_images(){
        $data['head_title'] = '图片预览';
        $t_id = $this->input->get('t_id');
        $open_id = $this->input->get('open_id');
        $this->load->service('s_anynote_img');
```

```
        $data['img_data'] = $this->s_anynote_img->get_imgs_by_txtid($t_
id, $open_id);
        $this->render('preview_images', $data);
    }
}
```

对应的视图在 views/anynote/preview_images.php 中，如代码清单 11-9 所示。

代码清单 11-9

```
<section class="container">
    <?php foreach($img_data as $item): ?>
        <div><a href="http://static.hello1010.com/wechat/<?php echo
$item['open_id'] ?>/0/<?php echo date("Y_m_d_His", strtotime($item["ctime"])) .
"_" . $item["id"] . ".jpg" ?>" target='_blank'><img style='width:100%'
src="http://static.hello1010.com/wechat/<?php echo $item['open_id']
?>/0/<?php echo date("Y_m_d_His", strtotime($item["ctime"])) . "_" .
$item["id"] . ".jpg" ?>" /></a></div>
        <?php endforeach; ?>
</section>
```

笔者这里为图片单独配置了一个域名 static.hello1010.com，所以这里的图片 src
属性值和本项目的域名 wx.hello1010.com 不一样。读者可以根据自己的实际情况
来配置。

11.3.5 聊天机器人

聊天机器人作为微信随手记的一个补充功能，当用户的回复没有匹配到主题规则时，
则自动由聊天机器人接管消息进行聊天，为用户多提供一种消遣的方式。笔者使用
的聊天机器人接口是图灵机器人（http://tuling123.com/），读者也可以选择其他的
机器人接口来实现。聊天机器人的消息响应逻辑如代码清单 11-10 所示。

代码清单 11-10

```
class S_talkingrobot extends CI_Service{
    public function response($from, $text){
        $this->load->library('myapi');
        $response = MyApi::excute("http://www.tuling123.com/openapi/
api?key=YOUR_APP_KEY&userid={$from}&info=" . urlencode($text), NULL, 'GET');
        log_message('debug', 'data:' . json_encode($response) . ',code:' . $response
```

```
['code']);
                if(!$response){
                    return array(
                        'ret' => '10',
                        'msg' => '我无法理解你的问题。抱歉 ...',
                    );
                }


                $this->load->library('wechat/wechatools');
                switch($response['code']){
                    // 文本类数据
                    case 100000:
                        $tmp = $response['text'];
                        break;
                    // 网址类数据 打开百度
                    case 200000:
                        $tmp = $response['text'] . "\n" . $response['url'];
                        break;
                    // 菜谱  红烧肉怎么做?
                    case 308000:
                        $tmp = $response['text'] . "\n\n";

                        foreach($response['list'] as $kv){
                            $t  =  Wechatools::buildHref($kv->name,$kv-
>detailurl,false);

                            $t .= "(" . $kv->info . ")";
                            $t .= "\n\n";

                            if(!Wechatools::maxLen($tmp, $t)){
                                $tmp .= $t;
                            }else{
                                break;
                            }
                        }
                        break;

                    // 列车信息  深圳到成都的火车
                    case 305000:
                        $tmp = $response['text'] . "\n\n";
                        foreach($response['list'] as $kv){
                            $t = $kv->trainnum . "\n";
                            $t .= $kv->start . "(" . $kv->starttime . ")" . " → " .
```

```
$kv->terminal . "(" . $kv->endtime . ")";
                        $t .= "\n\n";
                        if(!Wechatools::maxLen($tmp, $t)){
                            $tmp .= $t;
                        }else{
                            break;
                        }
                    }
                    break;
                // 航班  明天成都飞深圳的飞机
                case 306000:
                    $tmp = $response['text'] . "\n\n";
                    foreach($response['list'] as $kv){
                        $t = $kv->starttime . " - " . $kv->endtime . " " .
$kv->flight . "\n\n";
                        if(!Wechatools::maxLen($tmp, $t)){
                            $tmp .= $t;
                        }else{
                            break;
                        }
                    }
                    break;
                // 酒店  深圳南山区附近的酒店
                case 309000:
                    $tmp = $response['text'] . "\n\n";
                    foreach($response['list'] as $kv){
                        $t = $kv->price . " " . $kv->satisfaction . " " .
Wechatools::buildHref($kv->name,$kv->icon) . "\n\n";
                        if(!Wechatools::maxLen($tmp, $t)){
                            $tmp .= $t;
                        }else{
                            break;
                        }
                    }
                    break;
                // 商品价格  惠人榨汁机多少钱
                case 311000:
                    $tmp = $response['text'] . "\n\n";
                    foreach($response['list'] as $kv){
                        $t = $kv->price . " " . Wechatools::buildHref($kv-
>name,$kv->detailurl) . "\n\n";
                        if(!Wechatools::maxLen($tmp, $t)){
```

```
                                        $tmp .= $t;
                                }else{
                                        break;
                                }
                        }
                        break;
        // 新闻 最新新闻
        case 302000:
                $tmp = $response['text'] . "\n\n";
                foreach($response['list'] as $kv){
                        $t = Wechatools::buildHref($kv->article,$kv->icon) .
"(" . $kv->source . ")" . "\n\n";
                        if(!Wechatools::maxLen($tmp, $t)){
                                $tmp .= $t;
                        }else{
                                break;
                        }
                }
                break;

        case 40001:
                $tmp = "key 的长度错误（32 位）";
                break;
        case 40002:
                $tmp = " 请求内容为空 ";
                break;
        case 40003:
                $tmp = "key 错误或帐号未激活 ";
                break;
        case 40004:
                $tmp = " 当天请求次数已用完 ";
                break;
        case 40005:
                $tmp = " 暂不支持该功能 ";
                break;
        case 40006:
                $tmp = " 服务器升级中 ";
                break;
        case 40007:
                $tmp = " 服务器数据格式异常 ";
                break;
        case 50000:
```

172

```
                    $tmp = "机器人设定的"学用户说话"或者"默认回答"";
                    break;
                default:
                    $tmp = "我无法理解你的问题。抱歉。";
                    break;
            }
            return array(
                'ret' => '0',
                'msg' => $tmp,
            );
        }
    }
```

请求地址中的 YOUR_APP_KEY 要替换成读者自行申请的 KEY 值。另外，要特别注意的是，需要把用户输入的内容进行 urlencode 编码，否则中文无法识别。请求中的 user_id 参数使用 OpenID，这样的消息回复针对某个用户就能有上下文了，不会答非所问。

11.3.6　入口函数

用户和微信随手记的交互，主要是在公众号会话内输入文本消息和回复图片，因此，我们需要在回调函数的文本消息和语音消息中进行处理（参考 9.2 节的内容），如代码清单 11-11 所示。

代码清单 11-11

```
/**
 * 文本消息的响应
 */
function responseTxt() {
    //Anynote 的处理逻辑
    $this->load->service('s_anynote_txt');
    $res_msg = $this->s_anynote_txt->topic(
        $this->wechat->getRevContent(),
        $this->wechat->getRevID(),
        $this->wechat->getRevFrom()
    );

    //Anynote 没有处理，则交给机器人处理
```

```
        if(!$res_msg){
            $this->load->service('s_talkingrobot');
            $ret = $this->s_talkingrobot->response($this->wechat->getRevFrom(),
$this->wechat->getRevContent());
            $res_msg = $ret['msg'];
        }
        $this->wechat->text($res_msg)->reply();
    }


    /**
     * 上传图片的响应
     */
    function responseImage() {
        $postObj = $this->wechat->getRevPic();
        $this->load->service('s_anynote_img');
        $res_msg = $this->s_anynote_img->img(
            $postObj['picurl'],
            $this->wechat->getRevID(),
            $this->wechat->getRevFrom()
        );

        if(!$res_msg){
            $this->load->library('wechatools');
            $res_msg = Wechatools::buildHref('点击查看原图', $postObj['picurl']);
        }
        $this->wechat->text($res_msg)->reply();
    }
```

▍11.4　运行效果

经过上面的代码解析，我们已经对微信随手记的实现原理有了大致的了解，下面来看看它的运行效果如何。

按照指定的格式回复文字，可以添加相应主题，紧接着发送图片，可以自动把图片添加到相应主题消息中，如图 11-2 所示。

主题下的多个消息会自动编号，主题消息中假如有图片，可以直接点击链接进入页面查看。另外，还可以查看到自己添加的所有主题。查看主题内容如图 11-3 所示。

图11-2　添加主题和图片

图11-3　获取主题和排行榜

图 11-4 所示是聊天机器人的功能，这里作为微信随手记的一个功能补充，只是一个演示作用。

图11-4　聊天机器人

▶ 11.5　小结

本章讲解了一个基于公众号消息会话的案例——微信随手记。对从需求分析、交互，到代码实现的各个环节都进行了详细讲解。本案例的实现逻辑，读者可以根据自身需求进行改造，所有代码均已开源。

服务器运维

笔者在刚接触 Linux 服务器时，由于缺乏服务器运维经验，对于一些很简单的运维事项解决起来都比较费劲，在踩过不少"坑"后，也学会把一些知识点记录下来。本章主要介绍服务器运维的相关知识，以及处理服务器并发访问的问题。

▶ 12.1 站点搭建

对于一些极客用户来说，在第三方博客平台写博客可能不是一件很自由的事，会受到各类限制，例如不能拥有自己的独立域名，博客模板有限，自定义程度不够高，收费问题，等等。他们希望能拥有自己的域名，站点内容能完全自定义，甚至可以自己写博客框架代码。于是，极客们便走上了一条搭建博客的折腾之路。接下来，笔者将带领读者从零开始，一步一步搭建自己的博客，并拥有自己的独立域名。

12.1.1 域名申请及配置

首先我们要申请一个域名（Domain Name）。域名就相当于是一个人的身份证号，通过这个标识就能找到某个人。同样，我们通过在浏览器输入域名就能访问到一个唯一的站点。

域名是一串用点分隔的名字组成的因特网上某一台计算机（或计算机组）的名称，它是 IP 地址的一个别称。世界上第一个域名是在 1985 年月注册的。域名都有一个后缀，常见的域名后缀有 .com、.cn、.edu、.cc 和 .gov。

域名的注册遵循先申请先注册原则。因此，在网络上域名是一种相对有限的资源，简短好记的域名早已被注册。在新的经济环境下，域名所具有的商业价值已经远远超越了其技术价值。一个好的域名，可以成为企业参与国际市场竞争的重要手段，它是企业无形资产的一部分。

不过，对于个人而言，域名的重要性可能没那么大。在条件允许范围内尽量选取自己心仪的域名。申请域名的第三方平台也有不少，例如万网（https://wanwang.aliyun.com）和腾讯云 DNSPOD（https://dnspod.qcloud.com/）等。在平台方可以查询到你要注册的域名是否被注册，假如未被注册，则可以进行购买。如图 12-1 所示，查询笔者的博客域名 hello1010.com，发现已经被注册了，其他后缀的域名，假如显示为未注册则可申请注册。域名购买成功后，可能需要进行实名认证，否则会影响域名的正常解析及使用。

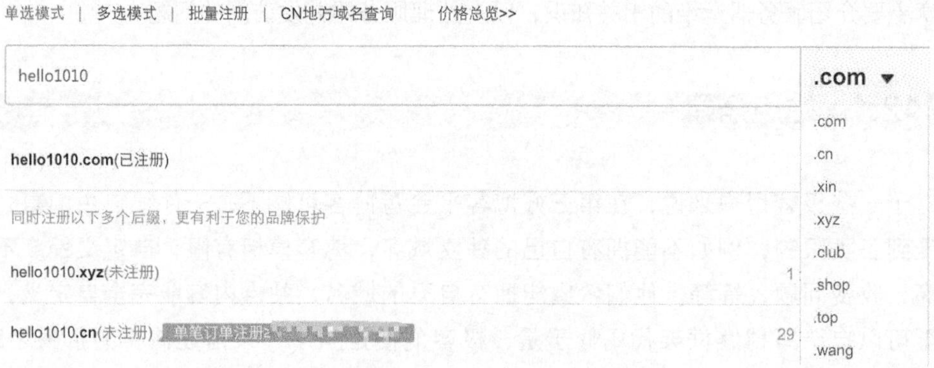

图12-1　域名查询及购买

域名申请成功后，需要对域名进行解析，即完成"域名→IP 地址解析"的过程。新增 A 记录，并解析 www 和 @ 两种记录类型，以确保用户通过 www.hello1010.com 和 hello1010.com 两种方式都能访问到站点，如图 12-2 所示。

记录类型 ▲	主机记录 ▲	解析线路(运营商) ▲	记录值
A	wx	默认	139.199.73.130
A	www	默认	139.199.73.130
A	@	默认	139.199.73.130
A	static	默认	139.199.73.130

图12-2　域名解析配置

12.1.2　域名备案

未经备案的域名，不得在中华人民共和国境内从事非经营性互联网信息服务。对于没有经过备案的网站，用户访问站点时，将有可能被接入商阻断并跳转到固定页面（提醒您尽快完成备案）。通常个人域名只需要做 ICP（Internet Content Provider）备案。

通俗来讲，想要开办网站必须先办理网站备案，备案成功取得通信管理局下发的 ICP 备案号后才能开通访问。

关于网站备案，有以下几个常见问题需要明确。

➢ 备案只针对一级域名：一级域名备案后对应的二级域名、三级域名均可正常使用。
➢ 转入备案：根据国家相关规定，如果在A云服务接入商购买服务器并成功办理了网站备案，当你需要在B云服务接入商重新搭建一套站点时，原来的备案信息需要同时转入B接入商。此过程称为转入备案，不需要重新走备案的完整流程，只需要在B接入商提交申请即可。

备案的流程不复杂，主要是需要等待管局审核。主要流程是：①验证备案类型→②填写备案信息→③上传资料 / 办理牌照→④等待管局审核→⑤备案成功。

其中③上传资料 / 办理牌照这一步骤，需要备案主体人到指定照相点进行拍照并提交认证，或者免费申请拍照画布自行拍照上传。前三个步骤都可以在接入商后台完成，步骤④需要等待管局审核，等待时间通常为 20 个工作日。转入备案不需要再经过步骤④。详细的备案步骤可以参考服务器接入商的备案介绍。

12.1.3　服务器购买

域名申请成功后，需要把域名指向网络上某台计算机的 IP 地址。想要拥有外网的 IP

地址，则需要在云服务提供商上购买云主机。笔者选择的是腾讯云提供的服务。注册腾讯云账号并登录后台，选择"云服务器"→"云主机"，点击"新建"进入云主机配置选择页面，如图 12-3 所示。

图12-3　选购云主机配置

读者可以根据自身站点的访问量来选择相应的配置。通常情况下，一个日均 PV 在几万以下的博客网站或小型 Web 站点，标准型 1 核 1G 就足够使用，操作系统可以选择 CentOS，数据盘可以根据自身需要选择大小。另外，笔者建议选购云硬盘，方便后续的服务器配置升级。

配置选择完毕后，下单付款即可完成服务器的购买。之后腾讯云会自动创建云主机并初始化系统，并分配公网 IP 地址，如图 12-4 所示。

图12-4　服务器购买后自动分配公网IP

12.1.4　登录服务器

有了服务器之后，我们需要登录到远程服务器进行配置。假如你使用的是苹果电脑的 OS X 操作系统，则可以直接使用系统自带的终端通过 SSH 命令登录，也可以借助第三方工具进行登录，这类工具会提供多会话连接和会话保持的功能。下面分别对 Windows 系统和 OS X 系统下不同的登录管理工具进行介绍。

➢　Windows系统：可以使用SecureCRT。下载好软件后，进行简单的设置，使用SSH2协议登录，需要填写服务器IP地址、登录用户账号、登录密码（或者秘钥）和端口号，如图12-5所示。

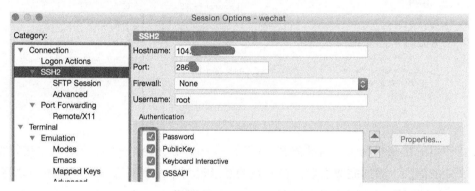

图12-5　SecureCRT登录设置

另外，使用 SecureCRT 也可以直接上传和下载文件，不过需要在登录服务器后安装 lrzsz。

```
yum install -y lrzsz
```

这样就可以使用命令来上传下载了：

```
// 下载 test.txt 文件
sz test.txt
// 上传文件，会弹出一个文件选择框
rz -e -y
```

上传和下载的默认目录是可以设置的，在 SecureCRT 中选择"Session Options → Terminal → X/Y/Zmodem"，在 Upload 和 Download 里设置。设置完后需要重新

连接一次服务器才会生效。SecureCRT 只适合上传单个文件或者压缩包，对于上传
多个文件的情况，建议使用 FTP 工具来完成，稍后会介绍。

➢ OS X系统：可以使用vSSH，如图12-6所示，填写好必要信息后连接。端口
号假如使用的是默认端口22，则可不填。

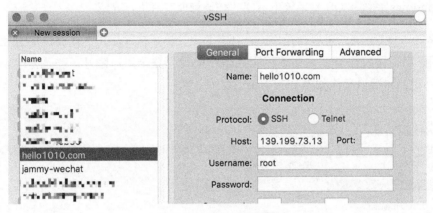

图12-6　vSSH登录设置

假如使用的是秘钥登录，需要先在"vSSH → Preferences → Security"中进行秘
钥文件的添加，添加完成之后，在站点的登录设置中，密码那一栏可以不用填写，
vSSH 会自动读取秘钥文件进行登录，如图 12-7 所示。

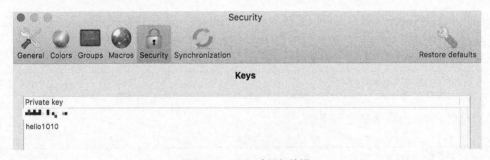

图12-7　vSSH中添加秘钥

默认情况下，登录到服务器后，假如未和服务器交互，工具会自动和服务器断开连
接，这个现象和 Web 站点的session 会话失效类似，这样不太方便我们高效地管理服
务器。可以通过设置来保持会话链接。依次进入"vSSH→Preferences→General"，
勾选"TCP keepalive"这一项，如图 12-8 所示。

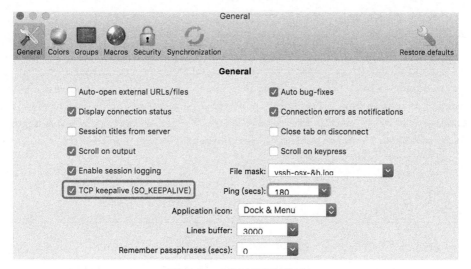

图12-8　vSSH会话保持连接

12.1.5　服务器环境搭建

现在我们已经能正常登录到服务器了。接下来将会介绍如何搭建运行站点的必要环境。笔者以 Linux 下 LAMP 的经典环境搭建为例，介绍如何从一个初始的操作系统到完整的能运行站点程序的环境搭建。整个过程都可以使用 CentOS 下的 yum 命令来简化安装。

① 安装 Apache。

```
// 通过 yum 安装 Apache
yum install httpd
// 设置 Apache 为自启动
chkconfig -add httpd
```

② 编译安装 PHP。

```
// 安装依赖文件
yum groupinstall "Development tools"
yum install libxml2-devel gd-devel libmcrypt-devel libcurl-devel openssl-devel
// 下载 PHP 安装包，读者可以选择其他版本 PHP 进行安装
wget http://us3.php.net/get/php-5.6.29.tar.gz/from/cn2.php.net/mirror
// 解压
tar -xvf php-5.6.29.tar.gz
```

```
// 假如目录开始配置
cd php-5.6.29
// 配置
./configure --prefix=/usr/local/php --with-apxs2=/usr/local/apache/bin/
apxs --disable-cli --enable-shared --with-libxml-dir --with-gd --with-
openssl --enable-mbstring --with-mysqli --with-mysql --enable-opcache
--enable-mysqlnd --enable-zip --enable-fpm --enable-fastcgi --with-zlib-dir
--with-pdo-mysql --with-jpeg-dir --with-freetype-dir --with-curl --without-
pdo-sqlite --without-sqlite3
// 编译和安装
make
make install
```

假如后续可能要安装 Nginx，需要开启 --enable-fpm 和 --enable-fastcgi 这两个编译选项，Nginx 是通过 php-fpm 来和 PHP 通信解析 PHP 脚本文件的，--enable-fpm 和 --enable-fastcgi 正是为了安装 php-fpm。PHP5.3 开始集成了 php-fpm。之前的版本没有，需要单独安装。

③ 安装 MySQL。

```
yum install mysql mysql-server
// 开机启动
chkconfig --levels 235 mysqld on
/etc/init.d/mysqld start
```

在 CentOs7.0 中安装 mysql，可以在 MySQL Yum Repository 找到 yum 安装源：

```
wget http://dev.mysql.com/get/mysql-community-release-el7-5.noarch.rpm
rpm -ivh mysql-community-release-el7-5.noarch.rpm
yum install mysql-community-server
```

接下来是设置 MySQL，按提示操作即可：

```
mysql_secure_installation
```

重启 Apache 和 MySQL：

```
service httpd restart
service mysqld restart
```

为了方便地管理 MySQL 数据库，可以借助客户端或者网页版管理工具。phpMyAdmin
是一个比较常用的网页端数据库管理系统。下载后解压并做简单配置即可使用。

```
// 下载 phpMyAdmin
wget https://files.phpmyadmin.net/phpMyAdmin/4.4.10/phpMyAdmin-4.4.10-
all-languages.zip#!md5!f1326cf75cebbd2364317fb6885d06ae

// 解压
unzip phpMyAdmin-4.4.10-all-languages.zip

// 重命名
mv phpMyAdmin-4.4.10-all-languages phpmyadmin
// 配置文件
cd phpmyadmin
cp config.sample.inc.php config.inc.php
// 修改配置文件：
vim config.inc.php
```

找到这两句：

```
$cfg['blowfish_secret'] = '';
$cfg['Servers'][$i]['host'] = 'localhost';
```

改为：

```
// 自己设置自己的 secret
$cfg['blowfish_secret'] = 'secret_hellojammy';
// 可以先不改这个，登录报错后再尝试修改。
$cfg['Servers'][$i]['host'] = '127.0.0.1';
```

接下来就可以通过 phpMyAdmin 来登录数据库进行管理了。

④　配置 Apache。

我们有了域名后，需要把域名和服务器站点进行绑定，这个绑定是通过 Web 服务器
来完成的，这里是 Apache。进入 etc/httpd/conf，找到 httpd.conf 目录，在文件最
后新增以下配置：

```
<VirtualHost *:80>
    DocumentRoot "/var/www/html/hello1010.com/"
```

```
    ServerName www.hello1010.com
    ServerAlias hello1010.com
    ErrorLog "logs/www.hello1010.com-error_log"
    CustomLog "logs/www.hello1010.com-access_log" common
    <Directory "/var/www/html/hello1010.com/">
        Options -Indexes FollowSymLinks Includes ExecCGI
        AllowOverride All
        Order deny,allow
        Allow from all
    </Directory>
</VirtualHost>
```

另外，需要开启 Apache 的虚拟目录功能：

```
    NameVirtualHost *:80
```

配置之前，要确保目录 var/www/html/hello1010.com/ 是存在的。配置完成之后重启 Apache 就可访问站点了。

12.2　服务器监控

站点搭建起来后，为了保证站点的稳定性和可用性，实时了解服务器各项参数，我们需要对服务器进行监控。

12.2.1　常用Linux命令

服务器的监控和运维，需要熟悉 Linux 命令的使用，在这里给大家列举一下常用 Linux 服务器命令。

1. 磁盘相关

```
查看磁盘使用情况，能看到磁盘的使用率等信息
df -h
按目录深度查看目录大小，在我的 mac 上参数 --max-depth=1 无效，不知何故
du -h --max-depth=1 /usr/
查看目录下文件大小
du -sh *
拷贝目录 A 下所有文件到目录 B
cp -R /A/. /B
```

2. 解压缩

```
解压 zip 文件到指定目录
// 解压 test.zip 目录下的文件到 test 目录，可以不指定 -d 参数
unzip test.zip -d test
压缩
// 压缩 test 目录为 test.zip 文件
zip -r test.zip test/
解压源码 gz 文件
tar -zxvf wordpress-3.2.1.tar.gz
```

3. 文件权限相关

```
查看文件权限
ls -l
查看文件访问时间，修改时间。看不到创建时间
stat test.txt
修改文件属性
u: 属主 o: 其他用户 g: 当前用户所在的组 r: 读，w: 写，x: 执行
chmod u+rwx,o+rwx,g+rwx note.txt
// 等效于
chmod a+rwx note.txt
// 也等效于
chmod 777 note.txt
修改文件夹下所有文件的属性
chmod -R 777 app/
//// 改变 app 目录下所有以 a-z 开头的文件。app 目录本身的权限不变
chmod -R 644 app/.[a-z]*
```

4. 常见监控命令

glances，通过 yum install glances 安装，基于 CLI curses 库的监控工具，如图 12-9 所示，可以看到服务器的 CPU 和内存使用率，实时反馈服务器的运行状况。

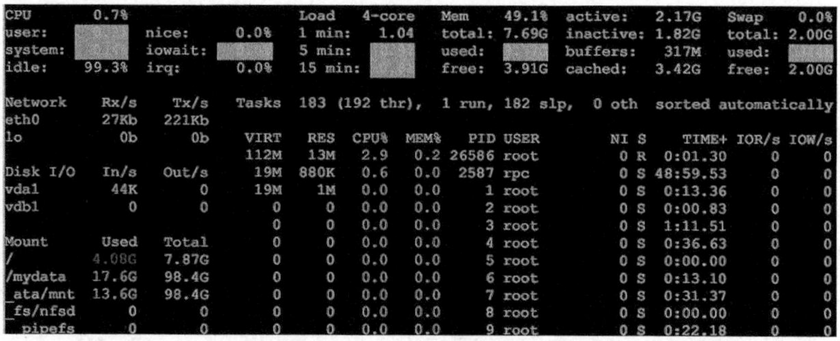

图12-9　glances服务器监控效果

apachetop，通过 yum install apachetop 安装，展示 Web 服务器实时统计数据。

htop，通过 yum install htop 安装，交互式进程查看器。

5. 其他命令

设置服务器时间，输入以下命令后按照提示操作即可。

```
tzselect
查看已使用端口情况
netstat -ntlp
查看某端口使用情况
netstat -lnp | grep :9000
查看进程情况
ps -elf
实时显示日志，对于调试程序很有帮助
tail -f wxchat.log
复制公钥，复制后，公钥信息在剪切板里
pbcopy < ~/.ssh/id_rsa.pub
服务器抓包
//80 端口的抓包
tcpdump -Xnlp port 80
建立软链接
// 在控制台执行 php 时默认使用的是系统的 php 版本，可以建立软链接到 MAMP 的 php
sudo ln -s /Applications/MAMP/bin/php/php5.6.10/bin/php /usr/bin/php

// 查看目录下的所有软链接
find /usr/bin -type l -exec ls -l {} \;
```

12.2.2　Zabbix监控系统

Zabbix（音同 zæbix）是一个基于 Web 界面，提供分布式系统监控以及网络监视功能的企业级的开源解决方案。Zabbix 能监视各种网络参数，保证服务器系统的安全稳定运营。Zabbix 也提供了灵活的通知机制，让系统管理员快速定位 / 解决问题。

Zabbix 由两部分构成：Zabbix server 与可选组件 Zabbix agent。Zabbix server 可以通过 SNMP、Zabbix agent、Ping 端口监视等方法提供对远程服务器 / 网络状态的监视、数据收集等功能，它可以运行在 Linux、Solaris、HP-UX、AIX、Free

BSD、Open BSD 和 OS X 等平台上。

Zabbix 学习成本低，配置简单，并且免费开源。Zabbix 的搭建流程在这里就不再介绍了，读者可以在互联网上搜索相关资料。图 12-10 是笔者搭建的 Zabbix 监控系统。

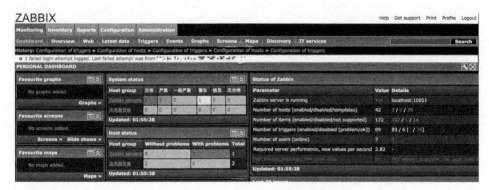

图12-10　zabbix监控系统

12.3　负载均衡

当站点的访问量不大时，例如日均 PV/UV 在 10 万以下，通常只要一台性能较好的服务器就可以维持站点的可访问性。但是当访问量增加时，依旧使用单台服务器就显得有些捉襟见肘了，因为每台服务器的软硬件资源是有限的。再者，使用单台服务器也有一定的风险，当服务器因为软硬件故障不可访问时，将直接影响到用户体验。上述问题，可以通过使用负载均衡技术来从一定程度上来解决。

负载均衡（Load Balance）是分布式系统架构设计中必须考虑的因素之一，它通常是指将请求 / 数据均匀地分摊到多个操作单元上执行。负载均衡的关键在于均匀。负载均衡可以通过流量分发扩展应用系统对外的服务能力，通过消除单点故障提升应用系统的可用性。

负载均衡的解决方案有多种，我们在这里只探讨软 / 硬件解决方案。

➢ 软件方案：在一台或多台服务器上安装一个或多个附加软件来实现负载均衡。例如DNS Load Balance、ConnectControl等。这种方案的特点是配置简单、使用灵活、成本低廉。不过，因为是用软件来实现负载均衡的，软件本身也需要消耗一定的系统资源，并成为服务器的不稳定因素之一。

➢ 硬件方案：在服务器和外部网络之间安装负载均衡设备（通常称为负载均衡器）。这些硬件设备职责单一，独立于服务器操作系统，整体性能提升，再加上多样化的负载均衡策略、智能化的流量管理，综合情况下可以达到较优的负载均衡效果。

综上所述，硬件负载均衡方案在功能和性能上均优于软件方案，不过成本较昂贵。对于中小型企业，软件负载均衡就可以满足需求。

负载均衡带来的问题

应用系统接入负载均衡后，用户访问站点时，会被随机地路由至某一台服务器。由此可能产生以下问题，请读者参考。

➢ 文件存储：假设一个用户上传文件的场景，上传文件时假设被路由至A服务器，用户再次访问站点时，被路由至B服务器，由于B服务器并没有存储用户上传的文件，导致文件无法获取。当然，也可以做一些补救措施，例如在多台负载服务器之间实时同步文件，但这并不是一种很好的解决方案。建议的解决方案是，把文件存储在云服务器，例如使用腾讯云的文件存储，可以通过调用上传文件接口来获取文件的存储地址，在我们的数据库中只要存储文件的URL地址即可，借助腾讯云这类云服务提供商，还可以实现文件的防盗链和CDN（Content Delivery Network）。

➢ 用户session会话：用户会话的默认存储方式通常是文件，因此，也会产生会话丢失的情况。建议的解决方案是使用Redis或其他缓存来存储用户会话。例如，在CI的system文件夹中对config.php文件进行简单的配置，就可以使站点的会话存储在Redis中。

```
// 指定 session 存储方式为 redis，默认为 files
$config['sess_driver'] = 'redis';
//IP_ADRESS 为 Redis 服务器 ip 地址，REDIS_PASSWORD 是访问 Redis 的密码，prefix 是
session 的 key 的前缀
$config['sess_save_path'] = 'tcp://IP_ADDRESS:6379?auth=REDIS_PASSWORD&prefix=
ci_sess:&timeout=10';
```

> ➢ 代码分发：只有一台服务时，代码发布很简单，通过FTP发布一台服务器的代码即可，或者使用SVN（Subversion）直接拉取代码。但是当服务器多了之后，由于无法通过人工的方式做到同时发布多台服务器代码，因此，在一定时间内，多台负载均衡服务器的代码可能会不同步。很多企业都会自研发布系统，其中一个很重要的功能就是代码的分发功能。

接下来给大家介绍一个inotify+rsync的实时同步方案，可以应用于文件备份，多台负载服务器代码同步等场景。

inotify是Linux内核2.6.13版本引入的文件系统变化通知机制。因此，需要检查你的服务器版本是否支持inotify机制。

```
grep INOTIFY_USER /boot/config-$(uname -r)
```

假如输出以下内容则代表支持：

```
CONFIG_INOTIFY_USER=y
```

接下来我们安装inofity-tools工具包：

```
yum install inotify-tools
```

假设现在有三台服务器A、B和C，三台服务器是应用层负载服务器，站点所在目录结构一致。现在要实现只发布代码到A服务器，自动同步代码到B和C服务器。首选需要让A服务器可以通过公钥方式登录到B和C，执行以下三步。

① 在服务器A生成一对公钥和秘钥。使用 ssh-keygen -t rsa 生成，按提示操作即可。

② 进入秘钥文件夹（cd~/.ssh）查看文件。其中idrsa.pub是公钥，idrsa是私钥。

③ 打开id_rsa.pub文件，并把它的内容复制到服务器B和C的root/.ssh/authorized_keys文件中，假如root/.ssh目录下没有 authorized_keys 文件，则新建一个文件。

现在，在A服务器就可以直接通过ssh命令实现无密码登录了。

```
// 指定端口号，把 ip_address 替换成你 ip 地址
ssh root@ip_address -p 27631
// 默认端口号
ssh root@ip_address
```

编写以下脚本：

```
#!/bin/sh
#var
src="/var/www/html/t/"
des_ip="ip_address1 ip_address2"

#function
inotify_fun ()
{

/usr/bin/inotifywait -mrq --timefmt '%Y%m%d-%H:%M' --format '%T %e %w%f' \
-e attrib,close_write,delete,create,modify,move $1|while read time file
do
for ip in $des_ip
do
echo $des_ip
echo "`date +%Y%m%d-%T`: rsync -avzq --delete --progress $1 root@$ip:$1"
rsync -avzrtopgq --delete --progress $1 root@$ip:$1
#echo
done
done
}

#main
for a in $src
do
inotify_fun $a

done
```

des_ip 中的 ip_address1 和 ip_address2 替换成实际的 IP 地址，多个 IP 地址用空格隔开。src 是需要实时同步的目录，源服务器和目标服务器的目录结构一致。至此，运行脚本一次即可启动服务，实现在多台服务器之间分发代码。

12.4 小结

本章的内容和微信公众平台的开发并无直接关联，但也可供服务器运维人员参考。本章介绍了从申请域名，到站点发布的整个流程，并介绍了服务器监控和负载均衡的解决方案。应对站点高访问量的方法涉及多方面，从系统架构，到应用层接入，再到后端存储和缓存以及代码优化等。

欢迎来到异步社区！

异步社区的来历

异步社区（www.epubit.com.cn）是人民邮电出版社旗下 IT 专业图书旗舰社区，于 2015 年 8 月上线运营。

异步社区依托于人民邮电出版社 20 余年的 IT 专业优质出版资源和编辑策划团队，打造传统出版与电子出版和自出版结合、纸质书与电子书结合、传统印刷与 POD 按需印刷结合的出版平台，提供最新技术资讯，为作者和读者打造交流互动的平台。

社区里都有什么？

购买图书

我们出版的图书涵盖主流 IT 技术，在编程语言、Web 技术、数据科学等领域有众多经典畅销图书。社区现已上线图书 1000 余种，电子书 400 多种，部分新书实现纸书、电子书同步出版。我们还会定期发布新书书讯。

下载资源

社区内提供随书附赠的资源，如书中的案例或程序源代码。

另外，社区还提供了大量的免费电子书，只要注册成为社区用户就可以免费下载。

与作译者互动

很多图书的作译者已经入驻社区，您可以关注他们，咨询技术问题；可以阅读不断更新的技术文章，听作译者和编辑畅聊好书背后有趣的故事；还可以参与社区的作者访谈栏目，向您关注的作者提出采访题目。

灵活优惠的购书

您可以方便地下单购买纸质图书或电子图书，纸质图书直接从人民邮电出版社书库发货，电子书提供多种阅读格式。

对于重磅新书，社区提供预售和新书首发服务，用户可以第一时间买到心仪的新书。

用户帐户中的积分可以用于购书优惠。100 积分 =1 元，购买图书时，在 `0` 里填入可使用的积分数值，即可扣减相应金额。

纸电图书组合购买

社区独家提供纸质图书和电子书组合购买方式，价格优惠，一次购买，多种阅读选择。

社区里还可以做什么？

提交勘误

您可以在图书页面下方提交勘误，每条勘误被确认后可以获得100积分。热心勘误的读者还有机会参与书稿的审校和翻译工作。

写作

社区提供基于 Markdown 的写作环境，喜欢写作的您可以在此一试身手，在社区里分享您的技术心得和读书体会，更可以体验自出版的乐趣，轻松实现出版的梦想。

如果成为社区认证作译者，还可以享受异步社区提供的作者专享特色服务。

会议活动早知道

您可以掌握 IT 圈的技术会议资讯，更有机会免费获赠大会门票。

加入异步

扫描任意二维码都能找到我们：

| 异步社区 | 微信服务号 | 微信订阅号 | 官方微博 | QQ群：368449889 |

社区网址：www.epubit.com.cn

投稿 & 咨询：contact@epubit.com.cn